パブロフくんと学ぶ

ITパスポート

第3版

よせだ あつこ
著

中央経済社

Chapter00

ITパスポート試験

かんたんガイド

01　ITパスポート試験と学習法

どんな試験？

ITパスポート試験は，情報処理（IT）に関する基礎的な知識を問われる国家試験です。社会人ならだれもが知っておきたい，次のことを学ぶことができます。

- ITやパソコンの基本用語
- 財務や法務，経営など，会社に関する基本用語

本書の特徴

- 難しい用語をわかりやすく説明しています。
- イラストやマンガで，誰でもすぐにイメージできるように工夫しています。

登場する主なキャラクター

どうやって学習すればいいですか？

パブロフ

ハタマート株式会社システム部の新入社員。ITパスポート試験の勉強中。

広く浅く

とにかくたくさんの用語に触れることが重要。

イメージが大切

1つ1つの用語についてざっくり理解することが必要。

青木 りんご

ハタマート株式会社システム部の先輩。動物が大好き。

02　本書の使い方

最短で攻略するためのヒント

本書は試験の出題範囲に合わせた構成をしています。そのため，自分の慣れない分野を攻略すれば，確実に点数アップにつなげることができます。

Step 1　**目次をチェック**　→自分に馴染みのない言葉がいくつあるか確認する。

Step 2　**ざっと一読する**　→マンガ＋イラスト付解説でイメージをつける。
とくに不慣れな分野の実力アップを目指そう！

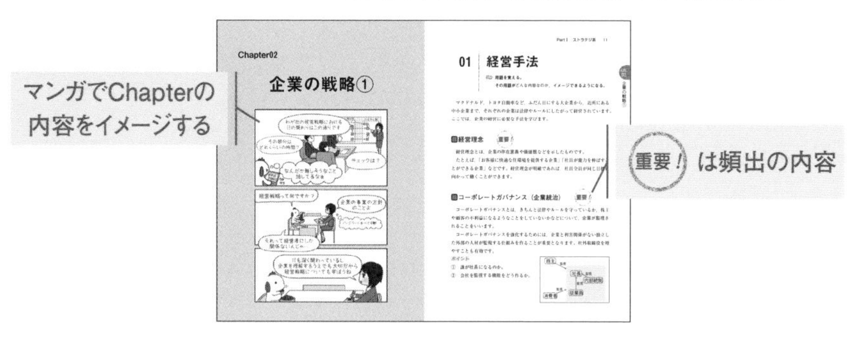

Step 3　**過去問をチェック**　→実際に出題された問題で試験のレベルを知る。
演習を繰り返して本番力を高めよう！

タイプ別のオススメ

本書は15のチャプターで構成しています。たとえば，１日１チャプターずつ学習して「15日で完成！」というスケジュールも立てられます。

さらに，より効率的に進めるために，試験の傾向と対策から受験生タイプ別に使い方をご紹介します。

学　生

特に**ストラテジ系**を攻略！

→企業の中などでよく使われる言葉が出てきます。
　就活にも役立つかも！？

社会人

特に**マネジメント系**を攻略！

→システム開発などでよく使われる言葉が出てきます。
　スキルアップにもつながるハズ！

パソコンをあまり使わない人

特に**テクノロジ系**を攻略！

→PCセットアップの時などによく出てくる言葉が出てきます。
　どう動くかがわかればもう怖くない！

使い方のまとめ

ITパスポート試験はすべての分野で30％以上の評価点が必要なので，手つかずの分野があるのはNGです。

以下の２点を心がけて，本書で効率よく合格を目指しましょう！

- 慣れない分野を集中攻略すること
- メリハリをつけてすべての分野を満遍なく対策すること

03 ITパスポート試験の概要

- **受験者数** 約10万人
- **合格基準** 次の基準を満たすこと
  - ・総合評価点 60%以上
  - ・分野別評価点
    - ストラテジ系 30%以上
    - マネジメント系 30%以上
    - テクノロジ系 30%以上
- **合格率** 50%前後
- **受験料** 5,700円（税込）
- **試験日** 全国の試験会場で，随時実施
- **試験形式** 選択式（四肢択一式）
- **試験時間** 120分
- **受験資格** なし
- **受験会場** 試験会場のパソコンで受験（CBT方式）

🐾傾向・対策

分野	内容	
ストラテジ系 35問	• 企業に関する知識と法律 （企業と法務） • 企業を経営する技術 （経営戦略） • IT技術を導入する方法 （システム戦略）	社会人経験がない人には慣れない言葉が多い。
マネジメント系 20問	• ソフトを作るための技術 （開発技術） • ソフトが完成するまでの管理 （プロジェクトマネジメント） • ソフトを作った後のフォロー （サービスマネジメント）	開発経験がない人には慣れない言葉が多い。
テクノロジ系 45問	• パソコンの専門用語 （基礎理論） • パソコンが動いている仕組み （コンピュータシステム） • プログラミングや図表の名前 （技術要素）	パソコンを使っていない人には慣れない言葉が多い。

最新の情報は試験センターホームページ（https://www3.jitec.ipa.go.jp/JitesCbt/index.html）でしっかり確認しましょう！

ホームページでは過去問を見ることができるので，時間内に解けるか練習してみましょう。

また，ダウンロードすればCBTの疑似体験もできます。

目　次

Part Ⅰ

ストラテジ系

出題数　**35**/100問

▶企業に関する知識と法律
▶企業を経営する技術
▶ IT技術を導入する方法

Chapter01

企業の組織

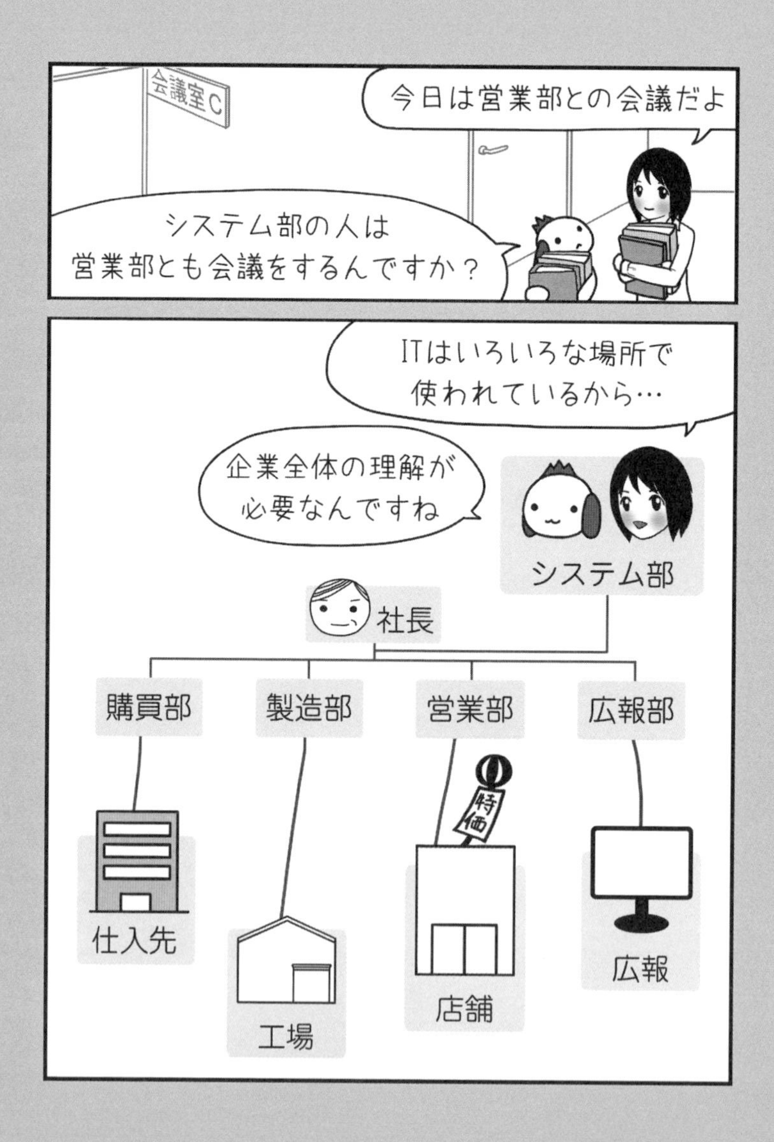

01 企業の全体像

企業の全体像と各Chapterとの関係

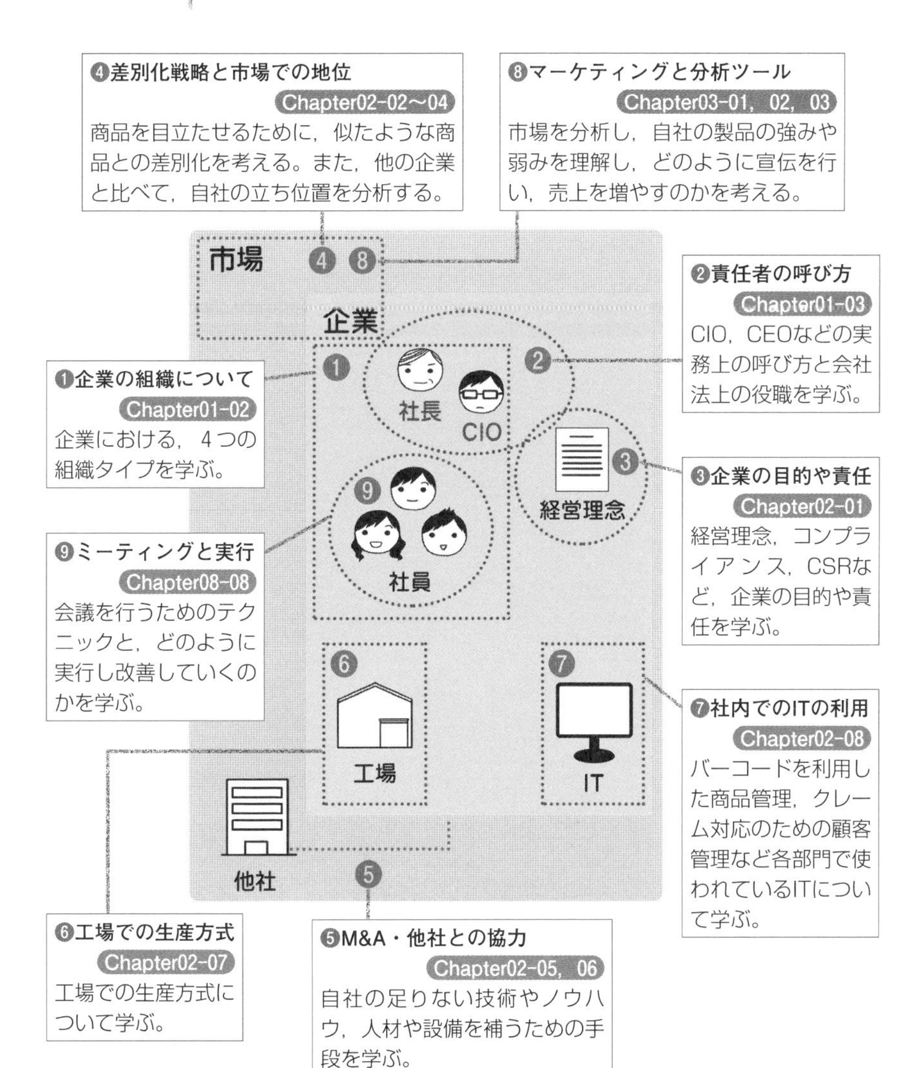

02 組織の形態

①何を基準に分けてあるか
②誰が上司になるのか

企業ではたくさんの人が働くため，コントロールする「組織の仕組み」が必要です。企業における組織タイプを学びましょう。

階層型組織

階層型組織（かいそうがたそしき）とは，社長・専務・常務…とトップダウンのピラミッド型組織で，責任の所在がわかりやすいメリットがあります。

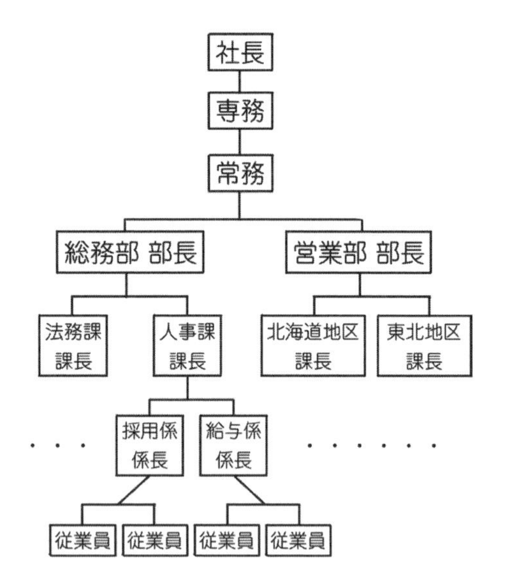

職能別組織

職能別組織（しょくのうべつそしき）とは，製造部・営業部のように，職能で部門を分けた組織です。機能別組織（きのうべつそしき）ともいいます。

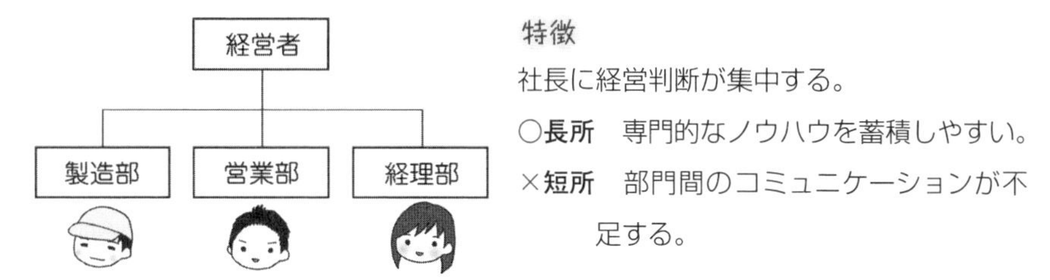

特徴

社長に経営判断が集中する。

○**長所**　専門的なノウハウを蓄積しやすい。

×**短所**　部門間のコミュニケーションが不足する。

事業部制組織

事業部制組織（じぎょうぶせいそしき）とは，商品別・地域別などに事業部を分け，事業部の中に一部または全部の職能部門（営業部や経理部など）を含めた組織です。

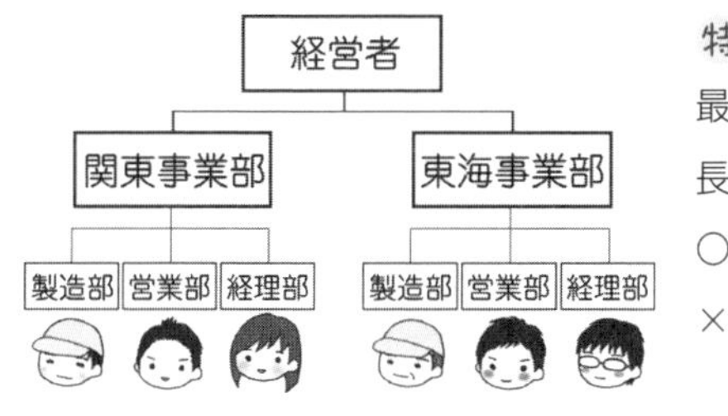

特徴

最終的に社長が経営判断をするが，事業部長の権限が強い。

○**長所**　分権化により，機動性が高まる。

×**短所**　事業部間のコミュニケーションが不足する。

事業部制組織の分権化をさらに進めたのがカンパニ制です。各事業部に重要な経営判断も任せ，別会社のように扱います。

各事業部を本当に別会社にするのが持株会社制（もちかぶがいしゃせい）です。各事業を行う会社と，それらの会社の株を持つだけの持株会社で成り立っています。各事業における意思決定は速いですが，たくさんの会社を維持するための手続きが増えるデメリットもあります。

■プロジェクト組織

プロジェクト組織とは，プロジェクトのために各部門から人員を集める組織です。プロジェクトとは，決まった期間で一定の成果を出す活動をいいます。

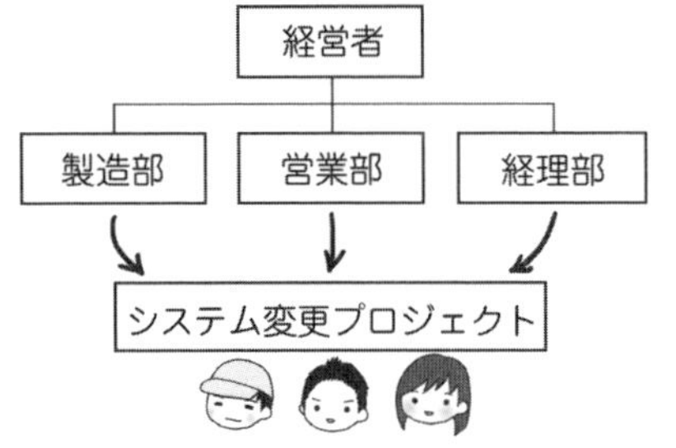

特徴

特定のプロジェクトを行うために，**一時的**に各部門から専門家を集めたプロジェクトチームを作る。

○**長所**　部門に縛られず，新しい発想が生まれやすい。

×**短所**　各部門と兼務となるため，現実は優秀な人が集まりにくい。

■マトリックス組織

マトリックス組織とは，職能部門を横断してプロジェクトを組む組織です。

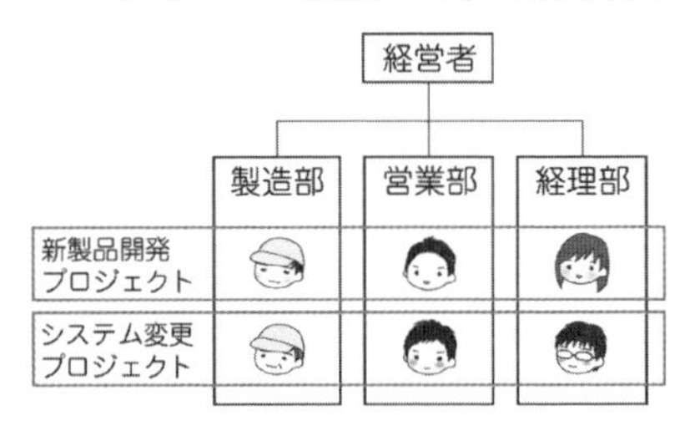

特徴

部門とプロジェクトの2つに所属するため，上司が2人いる。他の組織と違い，**命令系統が複数**あるのが特徴。プロジェクト組織と違い，**継続的な**所属である。

○**長所**　職能別組織とプロジェクト組織の長所を得る。

×**短所**　複数の上司から命令がくるため，混乱しやすい。

03 情報システムの責任者

責任者のなまえと役割を覚える。

企業にはさまざまな責任者がいます。ここでは責任者の名称と役割を説明します。

特にCIOは，試験でよく出題されます。しっかりおさえておきましょう。

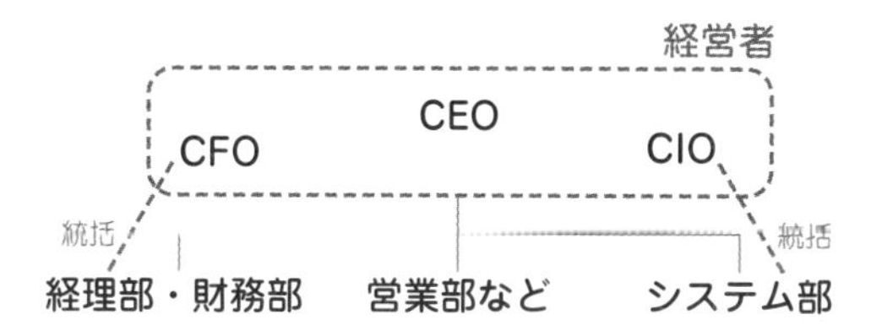

CIO（最高情報責任者）

シーアイオー
CIO（Chief Information Officer）とは，情報システムのトップの名称のことです。経営戦略に基づいた情報システム戦略の策定と，その実現に直接の責任を持つ役職です。

暗記　CIOの覚え方

CIOの“I”は，ITパスポートの I

↓

Information

その他の責任者――CEOとCFO

シーイーオー
CEO（Chief Executive Officer）とは，最高**経営**責任者のことです。いわゆる社長で，企業経営の経営判断や意思決定を行う役職です。

シーエフオー
CFO（Chief Financial Officer）とは，最高**財務**責任者のことです。企業経営における，財務に責任を持つ役職です。

会社法上の役職

会社法とは，会社の設立・組織・資金調達などについて定めている法律です。ITパスポート試験で使われる用語や内容には，会社法で定められているものと，そうでないものがあります。

会社法上の役職・組織

🐾株主　・　株主総会　⇨　企業の持ち主
🐾取締役　・　取締役会　⇨　経営のプロフェッショナル
🐾監査役　・　監査役会　⇨　経営をチェックする役員
🐾会計監査人　⇨　会計についてチェックする公認会計士

会社法上の役職ではない

🐾内部監査人　⇨　内部監査室の担当者
🐾システム監査人　⇨　企業のシステムをチェックする人
🐾税理士　⇨　税金についてのアドバイスをする人

株式会社が発行した株を買って資金を提供した**株主**は，その株式会社の持ち主となります。株主が集まって重要な意思決定をする会議が**株主総会**です。

株式会社では株主が自ら経営をすることもあります。しかし多くの場合，株主は経営のプロフェッショナルである**取締役**を選び，経営を任せます。取締役が経営の重要な事項を決定するための会議が**取締役会**です。

Chapter01-01～03

過去問演習

株式会社の最高意思決定機関

Q 1　企業経営に携わる役職の一つであるCFOが責任をもつ対象はどれか。

ア　技術　　イ　財務　　ウ　情報　　エ　人事

> **解説**　CFO（Chief Financial Officer）は最高財務責任者なので，イの**財務**が正解。
> ア　CTO（Chief Technology Officer），最高技術責任者の対象。
> ウ　CIO（Chief Information Officer），最高情報責任者の対象。
> エ　CHO（Chief Human resource Officer），最高人事責任者の対象。
>
> **正解**　イ　（2017年秋期 問23）

組織構造

Q 2　事業部制組織を説明したものはどれか。

ア　構成員が，自己の専門とする職能部門と特定の事業を遂行する部門の両方に所属する組織である。

イ　購買・生産・販売・財務などの仕事の性質によって，部門を編成した組織である。

ウ　特定の課題のもとに各部門から専門家を集めて編成し，期間と目標を定めて活動する一時的かつ柔軟な組織である。

エ　利益責任と業務遂行に必要な職能を，製品別，顧客別又は地域別にもつことによって，自己完結的な経営活動が展開できる組織である。

> **解説**　「事業部制組織」の特徴は①商品別・地域別などに事業部を分ける点と②事業部長の権限が強い点である。これより，エが事業部制組織の説明とわかる。
> ア　マトリックス組織の説明。
> イ　職能別組織の説明。
> ウ　プロジェクト組織の説明。
>
> **正解**　エ　（2013年春期 問22）

Chapter02

企業の戦略①

01 経営手法

用語を覚える。
その用語がどんな内容なのか，イメージできるようになる。

マクドナルド，トヨタ自動車など，ふだん目にする大企業から，近所にある中小企業まで，それぞれの企業は法律やルールにしたがって経営されています。ここでは，企業の経営に必要な手法を学びます。

経営理念

経営理念とは，企業の**存在意義**や**価値観**などを示したものです。

たとえば，「お客様に快適な住環境を提供する企業」「社員が能力を伸ばすことができる企業」などです。経営理念が明確であれば，社員全員が同じ目標に向かって働くことができます。

コーポレートガバナンス（企業統治）

コーポレートガバナンスとは，きちんと法律やルールを守っているか，株主や顧客の不利益になるようなことをしていないかなどについて，**企業が監視されること**をいいます。

コーポレートガバナンスを強化するためには，企業と利害関係がない独立した外部の人材が監視する仕組みを作ることが重要となります。社外取締役を増やすことも有効です。

ポイント

① 誰が**社長**になるのか。

② 会社を**監視する機能**をどう作るか。

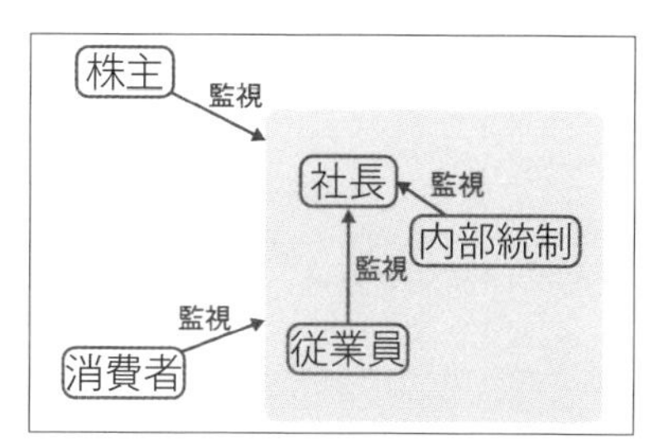

コンプライアンス（法令遵守（ほうれいじゅんしゅ））

コンプライアンスとは，日本の**法律**だけでなく，現実社会の**ルール**や**道徳**を守って経営をおこなうことです。

コンプライアンスを守ることで，企業の信頼を獲得し，ブランドイメージが上がる効果もあります。

CSR（企業の社会的責任）

CSR（シーエスアール）（Corporate Social Responsibility）とは，企業に関係する人々の生活に貢献することをいいます。

たとえば，地域の**お祭りへの参加**，**自然保護活動**などです。CSRを果たすことで，企業のブランドイメージが上がる効果もあります。

ディスクロージャ

ディスクロージャとは，社内の**情報を外部に公開**することをいいます。法律で情報の公開が義務づけられているものと，そうでないものに分かれます。

法律で情報の公開が義務づけられている財務諸表は，企業外部の人による監査を受ける必要があります。

① 法律で**義務づけられているもの**

▶**例**　売上や財産の情報が書かれた財務諸表の開示

② 任意で**行うもの**

▶**例**　業界の製品シェアを開示

BCP（事業継続計画）

BCP (Business Continuity Plan) とは，災害やシステムの障害に見舞われたときにも事業を続けられるように計画することです。たとえば，出社できる人員が少ない場合に優先して行う業務を特定したり，停電時にもシステムが稼働できるように無停電電源装置を導入することが含まれます。

事業継続計画を行うためのマネジメントをBCM（事業継続管理）といいます。

まだ明確になっていない企業の危険性・有害性を見つけ出し，対策するリスクアセスメントも必要です。

ステークホルダー

企業に関わるすべての利害関係者のことを「ステークホルダー」といいます。従業員，仕入先，得意先はもちろん，株主，消費者などが含まれます。

コーポレートブランド

コーポレートブランドとは，企業名や製品など，ステークホルダーが企業に抱くイメージのことです。経営するうえでコーポレートブランドを構築することが重要になります。

ダイバーシティ

ダイバーシティは，もとは**多様性**という意味ですが，最近では組織が多様な人材を積極的に活用しようとする考え方も表しています。性別，人種，年齢など，多様な人材を活用することで，視野を広げ生産性を高める効果が期待されます。

MBO（目標による管理）

MBO（Management By Objectives）とは「目標による管理」という意味で，従業員が主体性を持って目標を設定・達成することで，企業の成果が得られるという考え方です。

HRM

HRM（Human Resource Management）とは，人材を資源として考え，人材を活用するために組織を構築し，また，価値の高い人材を育成するための教育を行う管理手法です。

タレントマネジメント

タレントマネジメントとは，従業員（タレント）の持っているスキル，経験値を最大限生かすための人材配置や人材開発を，戦略的に行うことです。

OJT，Off-JT

OJT（On the Job Training）とは，職場で実際に働きながら，仕事に必要な知識や技能を教育することをいいます。

実際に働きながら教育するOJTに対して，Off-JT（Off the Job Training）は職場から離れて教育することです。座学での研修やセミナーを受講することが一般的です。

e-ラーニング

e-ラーニングとは，Off-JTのうち，特にインターネットを利用した学習のことです。

アダプティブラーニング

アダプティブラーニングとは，従業員１人１人の学習内容・レベルなどに合わせた学習です。

コーチング，メンタリング

コーチングとは，従業員がコーチと対話することで，目標の設定や，必要なスキルの習得を明確にすることをいいます。コーチは，相手の目標設定を補助する技能を持った人が行います。

メンタリングとは，従業員が指導者（メンター）と長期的に対話を重ねる中で，気付きを得ることです。メンターは，部署の先輩など近しい関係の人であることが多いです。

CDP

CDP（Career Development Program）とは，従業員を育成するさいに，各従業員の希望や適性を考慮して，中長期的な計画を立てることです。

ナレッジマネジメント

ナレッジマネジメントとは，個々の社員の持つ知識（Knowledge）を，他の社員と共有する経営手法をいいます。

ワークライフバランス，メンタルヘルス

ワークライフバランスとは，仕事と私生活を調和させることをいいます。メンタルヘルスとは，精神の健康のことをいいます。

02 技術開発戦略

企業が技術を開発する目的や手法について理解する。

企業が市場での競争力を確保するため，どのような技術を取り入れ，また開発する必要があるのか戦略を立てることを技術開発戦略といいます。

MOT（技術経営）

MOT（エムオーティー）（Management Of Technology）とは，技術開発に投資し，新技術を経営に積極的に取り入れる考え方です。技術革新を効果的に自社のビジネスに結び付けて企業の成長を図ることを目的としています。

技術ポートフォリオ

技術ポートフォリオとは，技術水準や技術の成熟度を軸としたマトリックスに，市場における自社の技術の位置づけを示したものです。

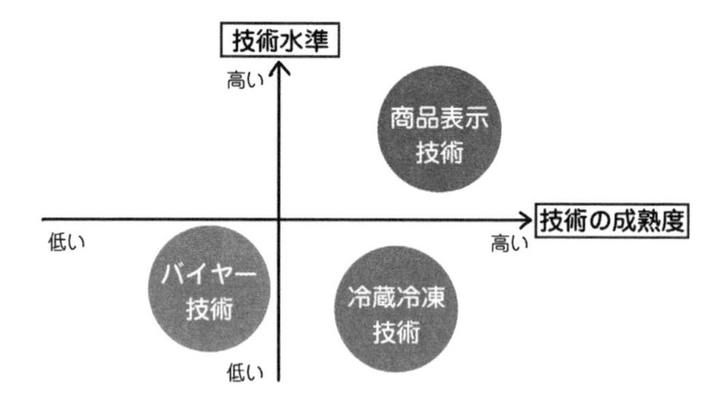

特許戦略

特許とは，発明を他社が無断で使えないよう保護することです。特許戦略では，企業が発明した製品をどのように活用していくかを考えます。

イノベーション

イノベーションは日本語で革命という意味です。企業はこれまでにない新しいものを生み出すことで競争力を確保することもあります。

- **プロセスイノベーション**：製品を作る工程を革新的なものにすること。
- **プロダクトイノベーション**：画期的な製品・サービスを生み出すこと。
- **オープンイノベーション**：他社や研究機関，地方自治体などと連携して新しい製品やサービスを生み出すこと。

イノベーションのジレンマ

イノベーションのジレンマとは，業界の大手企業が，技術開発戦略を実施しているにもかかわらずイノベーションに後れをとるという考え方です。イノベーションのジレンマが起こる理由としては，成功している企業はあまりにも革新的な技術に関心が低いことがある，逆に需要よりも先を行く技術を持つがゆえに需要を満たす製品を作ることができないことが挙げられます。

デザイン思考

デザイン思考とは，デザインした製品を使うユーザのニーズを考え，それを満たす製品を開発することです。

グリーンIT

地球環境に配慮したITのことをグリーンITといいます。具体的には省電力やIT機器のリサイクルなどがおこなわれます。

ハッカソン

ハッカソンとは，プログラマやデザイナーなどが集まり，意見を出し合って集中的に作業することです。ハック（Hack）とマラソン（Marathon）を合わせた造語です。

事業化までの壁

技術開発戦略を進める企業にとって，開発した製品・サービスを事業化・産業化するまでに乗り越えなければいけない壁があります。

- **死の谷**：開発した製品・サービスを事業化するまでの障壁。
- **ダーウィンの海**：事業化した製品・サービスを産業化するまでの障壁。
- **キャズム**：初期市場では売れた製品・サービスを，大規模に普及させるために超えるべき障壁。

ビジネスモデルキャンバス（BMC）

ビジネスモデルキャンバスとは，ビジネスモデル全体を把握するために使うツールです。ビジネスモデルを次の９つの要素に分類します。

- KP（キーパートナー）
- KA（キーアクティビティ）
- KR（キーリソース）
- VP（提供価値）
- CR（顧客との関係構築）
- CH（チャネル・販路）
- CS（顧客）
- CS（コスト）
- RS（収益プラン）

リーンスタートアップ

リーンスタートアップとは，コストをかけず最低限の製品・サービスの試作品を作り，市場の反応を分析して製品化・サービス化ができるか判断することや，改良を加えて製品化・サービス化する手法です。

APIエコノミー

API（Application Programing Interface）というのは，たとえばグルメ情報サイトからGoogleMapsを開くときに使われる，アプリケーションから別のアプリケーションを呼び出す機能のことです。

GoogleがGoogle Maps APIを公開しており，企業は利用量に応じて無料または有料でGoogle Mapsを使うことができます。このように，自社で開発が困難なアプリケーションをAPIを使って利用することで，自社の開発をスムーズかつスピーディーに進めることをAPIエコノミーといいます。

AI（人工知能）

AI（Artificial Intelligence）とは，知能があるかのように振る舞うコンピュータのことです。近年，SiriやAIスピーカー，お掃除ロボットなどで使われ，身近な存在になってきました。

AIに関連する用語を見ていきましょう。

- **機械学習**：AIの一種で，経験により自動で処理されるアルゴリズムのこと。たとえば10年分の気温データから明日の気温を予想するなど幅広く使われる言葉。
- **ニューラルネットワーク**：機械学習の一種で，脳内の神経細胞（ニューロン）同士のつながりのように，数式で表現したもの。
- **ディープラーニング**：機械学習の一種で，深層学習ともいわれる。多層のニューラルネットワークで構成され，音声・画像の処理が得意。

HR Tech

HR Tech（HRテック）とは，HR（Human Resources）とTechnologyを合わせた，新しい人事管理のことです。ビッグデータ，IoTやAIといった技術を使います。

03 差別化戦略

企業が市場でモノを売るために，どんな戦略をとるか。

差別化戦略とは，企業が市場で商品を売るために，どのように他社と差をつけるかの戦略です。うまく他社と差をつけることができれば，顧客から自社の商品を選んでもらうことができます。

ブランド戦略

ブランド戦略とは，品質や性能を信頼された商品名や企業名を利用して，消費者に購入してもらう戦略です。SONY，ユニクロ，PRADAなど，名前を聞けばイメージできるものがブランドです。

ニッチ戦略

ニッチ戦略とは，専門的な分野やマニアなどの小さな市場の顧客の需要を満たす戦略です。市場のすきまになっている，小さな市場でシェアを獲得します。

プッシュ戦略

プッシュ戦略とは，流通業者や販売店に対して，売れた数に応じた報酬（リベート）を支払い，店頭の目立つ場所に陳列してもらったり，お店のオススメ商品として扱ってもらう戦略です。

プル戦略

プル戦略とは，消費者に商品を欲しいと思わせるように，消費者に対して直接PRする戦略です。テレビCMをおこなう自動車が典型例です。

ブルーオーシャン戦略

ブルーオーシャン戦略とは，新しい価値を提供することによって，競争のない新たな市場を生み出す戦略です。

ブルーオーシャン戦略では，業界で一般的だった機能を減らし，新たな価値を付け加えることで，新たな市場を切り拓くことが必要です。

日本におけるブルーオーシャン戦略の代表例がQBハウスです。QBハウスは10分1,000円で散髪する理容チェーン店で，理容業界の常識であったシャンプーがありません。さらに，短時間・低価格という価値を加えることで，時間のないビジネスマンや子供などの客層も取り込み爆発的にヒットしました。

なお，激しい競争が繰り広げられている市場をレッドオーシャンといい，ブルーオーシャンと対比されることがあります。

04 市場での地位

地位のなまえと，それぞれどんな方針をとるか覚える。

市場での地位をシェアや戦略の特徴で分類し，リーダー・チャレンジャー・ニッチャー・フォロワーとよぶことがあります。

	リーダー	チャレンジャー	ニッチャー	フォロワー
シェア	ナンバー1	ナンバー2	—	その他
製品	フルライン戦略	リーダーとの差別化	徹底して隙間製品	リーダーの模倣
価格	価格維持	基本は価格維持	低〜高価格	低価格
方針	**オーソドックスな品揃え** フルライン戦略	**リーダーとの差別化**	**市場や製品の特定**	リーダー，チャレンジャー**の迅速な模倣**

リーダー

業界トップの企業をリーダーとよびます。規模の経済（生産量が増えるにつれて，1つあたりの製作費が安くなる）やそれに伴う経験効果（たくさん作ると経験が増え，効率的に生産できる）が働き，製作費を安くできるため，収益性が高まります。

▶**例**　マクドナルド，トヨタなど。

チャレンジャー

業界第2位の企業をチャレンジャーとよびます。リーダーと差別化を図ることで自社のシェアを伸ばし，業界トップの座を狙います。

▶**例**　モスバーガー，日産など。

ニッチャー

小さな市場の**特定分野**で成功した企業をニッチャーとよびます。

▶**例**　フレッシュネスバーガー，スズキなど。

フォロワー

リーダー，**チャレンジャー以外**の企業をフォロワーとよびます。リーダーやチャレンジャーが成功した商品と似たような商品を**低価格**で販売することが多いです。

▶**例**　マツダなど。

規模の経済

規模の経済とは，**生産量が増える**と**単位あたり費用が減る**ことをいいます。単位あたり費用が減るということは，**単位あたり利益が増える**と言いかえることもできます。

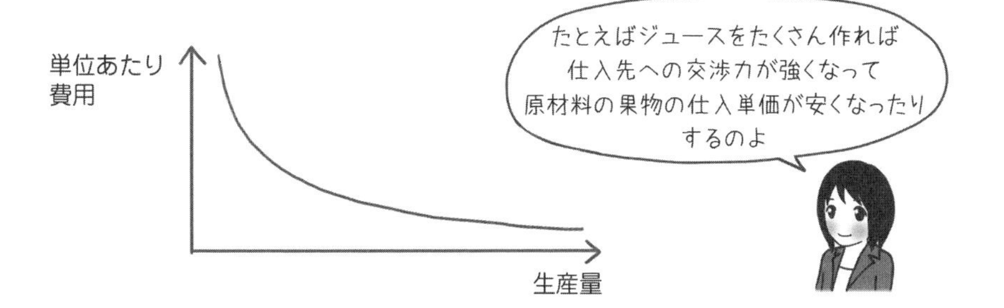

経験曲線

経験曲線とは，**累計生産量が増えると単位あたり費用が減る**ことをいいます。

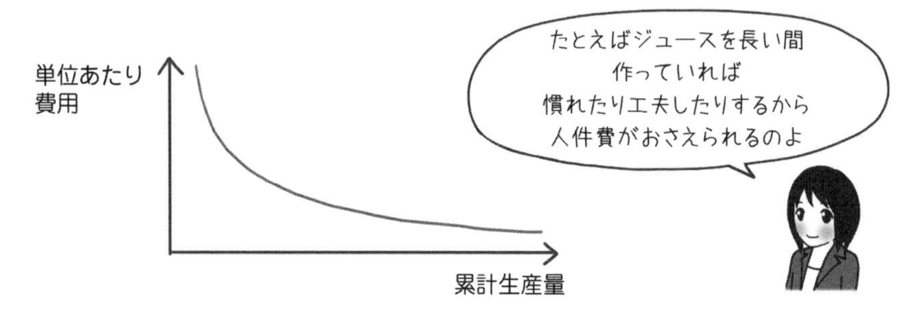

垂直統合

企業の取引におけるサプライチェーン（P.37参照）の，上流から下流までを自社でおこなうことを垂直統合といいます。たとえば生産から販売までを同じ企業でおこなうことで，流通のコストを省く，流通の期間を短くするなどの効果があります。

コモディティ化

新商品を投入したところ，他社商品が追随して機能の差別化が失われてしまい，最終的に低価格化競争に陥ってしまったことをコモディティ化といいます。

ベンチマーキング

ベンチマーキングとは，企業が製品・サービス，組織などを他社と比較・分析することです。

Chapter02-01～04

過去問演習

コンプライアンス

Q 1　企業の活動のうち，コンプライアンスの推進活動に関係するものはどれか。

ア　営業担当者が保有している営業ノウハウ，顧客情報及び商談情報を営業部門で共有し，営業活動の生産性向上を図る仕組みを整備する。

イ　顧客情報や購買履歴を顧客と接する全ての部門で共有し，顧客満足度向上を図る仕組みを整備する。

ウ　スケジュール，書類，伝言及び会議室予約状況を，部門やプロジェクトなどのグループで共有し，コミュニケーションロスを防止する。

エ　法令遵守を目指した企業倫理に基づく行動規範や行動マニュアルを制定し，社員に浸透させるための倫理教育を実施する。

解説　コンプライアンスとは法令遵守のことなので，エが正解。
ア　SFA，営業支援システムに関係する。
イ　CRM，顧客関係管理に関係する。
ウ　グループウェアに関係する。

正解　エ　（2017年春期 問26）

技術開発戦略

Q 2　技術経営における新事業創出のプロセスを，研究，開発，事業化，産業化の四つに分類したとき，事業化から産業化を達成し，企業の業績に貢献するためには，新市場の立上げや競合製品の登場などの障壁がある。この障壁を意味する用語として，最も適切なものはどれか。

ア　囚人のジレンマ　　イ　ダーウィンの海

ウ　ファイアウォール　　エ　ファイブフォース

解説　「事業化から産業化を達成」するための「障壁」との文言より，イのダーウィンの海が正解とわかる。
ア　各自が一番魅力的な選択肢を選んだ場合，全体で協力したときよりも悪い結果になってしまうこと。
ウ　外部からの不正アクセスを防ぐためのセキュリティ。
エ　業界の収益性を分析するツール。

正解　イ　（2020年秋期 問３）

技術開発戦略

Q 3　コンビニエンスストアを全国にチェーン展開するA社では，過去10年間にわたる各店舗の詳細な販売データが本部に蓄積されている。これらの販売データと，過去10年間の気象データ，および各店舗近隣のイベント情報との関係を分析して，気象条件，イベント情報と商品の販売量との関係性を把握し，1週間先までの天気予報とイベント情報から店舗ごとの販売予想をより高い精度で行うシステムを構築したい。このとき活用する技術として，最も適切なものはどれか。

ア　IoTを用いたセンサなどからの自動データ収集技術

イ　仮想空間で現実のような体験を感じることができる仮想現実技術

ウ　ディープラーニングなどのAI技術

エ　表計算ソフトを用いて統計分析などを行う技術

解説　本問の設定ではすでにデータ収集は終わっているのでアは不正解。エのようにデータを分析するだけでなく「データを分析」して「販売予想」をするとの文言より，ウが正解とわかる。

正解　ウ　（2020年秋期 問４）

AI

Q 4　AIの活用領域には音声認識，画像認識，自然言語処理などがある。音声認識と自然言語処理の両方が利用されているシステムの事例として，最も適切なものはどれか。

ア　ドアをノックする音を検知して，カメラの前に立っている人の顔を認識し，ドアのロックを解除する。

イ　人から話しかけられた天気や交通情報などの質問を解釈して，ふさわしい内容を回答する。

ウ　野外コンサートに来場する人の姿や話し声を検知して，会場の入り口を通過する人数を記録する。

エ　洋書に記載されている英文をカメラで読み取り，要約された日本文として編集する。

解説　「音声認識と自然言語処理の両方が利用」という文言より，イが正解とわかる。

ア　画像認識の事例

ウ　画像認識，音声認識の事例

エ　画像認識，自然言語処理の事例

正解　イ　（2020年秋期 問22）

05　組織再編

①組織再編の種類を覚える。
②それぞれの再編方法を理解する。

組織再編とは，企業どうしが合併したり，ある企業が他の企業を子会社にしたりするなど，企業の組織の形が変わることをいいます。

M&A（企業合併・買収）

M&Aは，Mergers（合併）and Acquisitions（買収）の略で，その名のとおり合併や買収を指す言葉です。

新製品などを一から自社で開発するのには，時間もお金もかかります。M&Aを使えば，時間をかけずに他社の技術やノウハウを獲得できるという長所があります。

M&Aを実現するためには，株式を売買する必要があります。

特徴　○長所　技術やノウハウをすぐに手に入れられる。
　　　×短所　買収後に内部で対立が起こりやすい。

TOB（株式公開買付け）

株式を買う場合，ふつうは東証などの株式市場で買います。これに対してTOBは，株式市場で株式を買うのではなく，**個別に株式の買い付けを募集することを**いいます。

TOBは，ある企業の株式を大量に買い，経営権を獲得するときに使われることが多いです。この「経営権を獲得する行為」を買収といいます。

MBO

MBO（Management Buy-Out：マネジメントバイアウト）は，企業の経営者（マネジメント）が自社の株式を取得することをいいます。MBOをするときにTOBが使われることがあります。

MBOによって，さまざまな企業再編が可能になります。ここでは代表的なものを説明します。

上場企業の経営者が自社の株を買い非上場企業にする場合

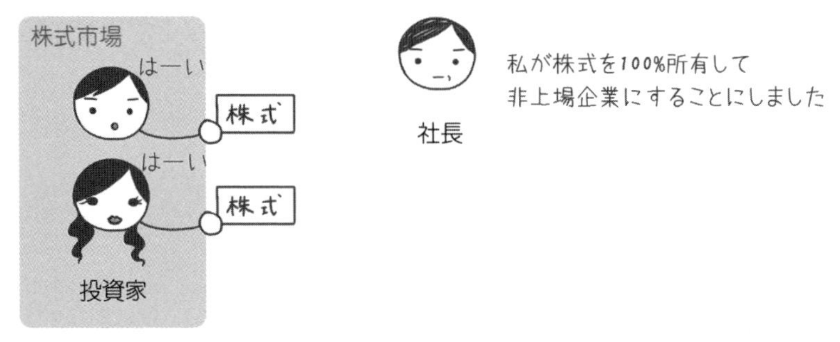

経営者が新会社を設立して営業を譲り受ける場合

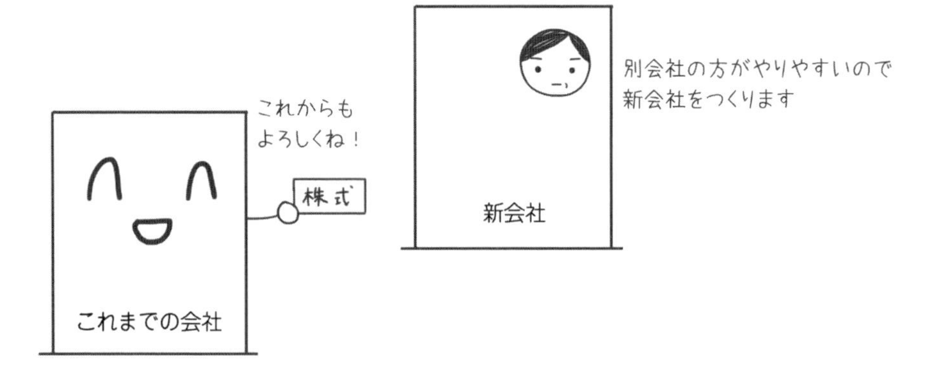

ジョイントベンチャ

ジョイントベンチャとは，複数企業が共同で出資し，新たな事業を始めるために設立した企業のことです。

06　他社との協力

試験によく出る用語です。

企業は全て自社で業務をおこなうのではなく，他社と協力することがあります。

アライアンス

アライアンスとは，ある企業と**提携**して，共同で事業をおこなうことです。アライアンスの場合は企業間の上下関係がなく，**対等な関係**を維持できます。

暗記　アライアンス

① 他社と**提携**して共同で事業をおこなうこと
② **対等な関係**を維持すること

アウトソーシング（外部委託）

アウトソーシングとは，業務の一部を専門業者に**委託**（いたく）することです。ITシステムの管理を自社でおこなわず，専門業者を利用する場合があります。

アウトソーシングを請け負う企業として，IBMやNTTデータが有名です。

ファブレス

ファブレスとは，**工場をもたず**，他の企業に**自社製品の製造を委託**することです。工場を保有する場合に発生する，建設コストや従業員の雇用コストなどさまざまなリスクを回避できます。

iPhoneのApple社がファブレスメーカーとして有名です。

OEM

OEMとは，相手先ブランド製造ともいわれ，製造メーカーが相手先のブランド名で製品を作ることです。

たとえば，自社工場を持つお菓子製造メーカーA社は，自社ブランドで「A社のチョコ」を製造していますが，同じ工場で似た材料を使って，コンビニエンスストアB社向けに「おてがるB社チョコ」を製造することがあります。

フランチャイズチェーン

コンビニエンスストアや飲食店では，全国に多数店舗を持つチェーン展開をしている企業が多くあります。チェーンには直営店とフランチャイズ店があります。

🐾**直営店**：その企業がお金を出し運営を行う店。

🐾**フランチャイズ店**：加盟店のこと。企業は個人事業主に名前とノウハウを貸して加盟店の経営をしてもらう。

Chapter02-05～06

過去問演習

組織再編

Q 1　TOBの説明として，適切なものはどれか。

ア　買付の期間，株数，価格などを公表して，市場外で特定企業の株式を買い付けること。

イ　企業間で出資や株式の持合いなどの協力関係を結ぶこと。

ウ　企業の経営陣が自社の株式を取得して，自らオーナになること。

エ　買収先企業の資産を担保にした借入れによって，企業を買収すること。

解説　TOBの特徴は①株式市場以外で②個別に株式の買い付けを募集することである。アが正解とわかる。

イ　株式持合いの説明。

ウ　MBO（マネジメントバイアウト）の説明。

エ　LBO（レバレッジバイアウト）の説明。

正解　ア　（2013年秋期 問26）

組織再編

Q 2　複数の企業が，研究開発を共同で行って新しい事業を展開したいと思っている。共同出資によって，新しい会社を組織する形態として，適切なものはどれか。

ア　M&A　　イ　クロスライセンス

ウ　ジョイントベンチャ　　エ　スピンオフ

解説　「複数の企業」が「共同出資によって，新しい会社を組織」との文言より，ウのジョイントベンチャが正解とわかる。

ア　企業どうしの合併や買収のこと。

イ　2つの企業が，自社の持つ特許権等を互いに利用すること。

エ　ある製品や企画から派生して生じるもの。

正解　ウ　（2020年秋期 問17）

07 製品の生産方式

生産方式の特徴を理解する。

工場で製品を生産するにあたって，企業は，コストを削減したり生産がスムーズになるよう，さまざまな工夫を凝らしています。

ジャストインタイム生産方式

ジャストインタイム生産方式とは，**受注に応じて**，**生産・調達・配送をおこない**，商品の在庫をほとんど持たない生産方式のことです。トヨタ自動車のカンバン方式が有名です。

通常の生産方式は在庫を持っておき，受注を受けて在庫を引き渡しますが，ジャストインタイム生産方式では受注を受けてから仕入をおこない，生産をおこなう点が違います。ジャストインタイム生産方式だと，よぶんな在庫を持たなくてすむので，**在庫コストが削減**されるという利点があります。

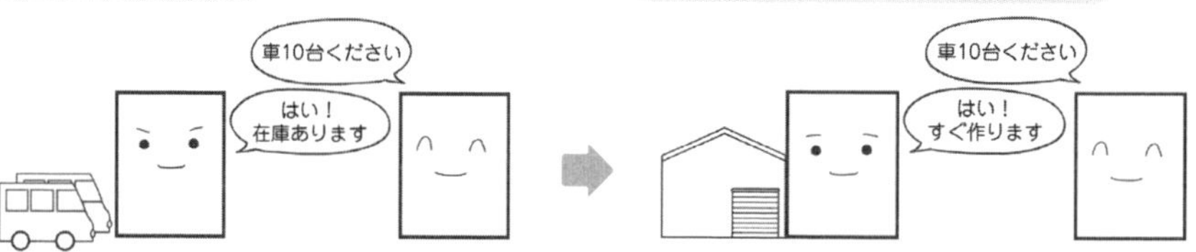

ライン生産方式

ライン生産方式とは，ベルトコンベア方式で複数の人が工程を分担して流れ作業で生産する方法です。**単一製品を大量生産**するのに向いています。

セル生産方式

セル生産方式とは，１人または少人数で最初の工程から最後の工程までを担当して生産する方法です。**多品種少量生産**に向いています。

コンカレントエンジニアリング

コンカレントエンジニアリングとは，製品開発のライフサイクルにおいて，技術開発や製品の機能設計，ハードウェア設計，試作，製造準備といった作業工程のうち，同時にできる作業は並行して進め，手戻りや待ちをなくして製品開発期間（リードタイム）を短縮する手法のことです。

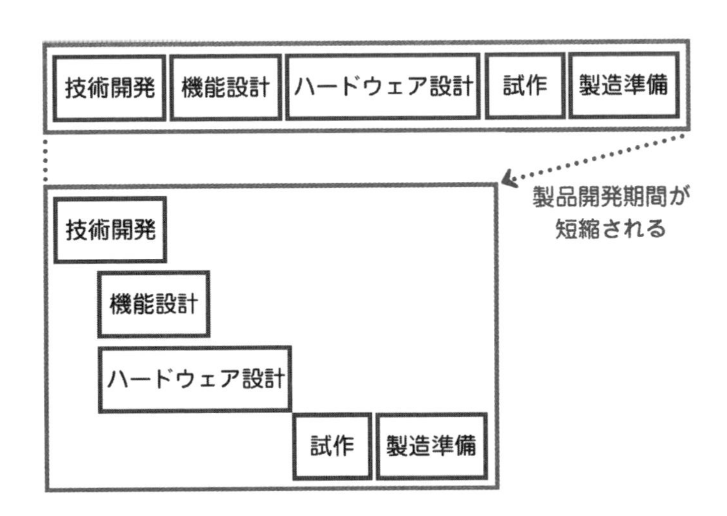

08 社内でのITの利用

どの場面で使われる用語か理解する。

現代では，経営や顧客管理，商品管理など，企業におけるさまざまな場面でITが重要な役割を担っています。ここでは，企業で利用されているITのうち，特に重要なものを学びます。

■情報戦略

情報戦略とは，経営戦略に基づいて立案され，社内でITを有効活用できるように立てる戦略のことです。情報システム戦略ともいいます。ITを使って組織を統治する**ITガバナンス**の方針を明示します。

■データマイニング

データマイニングとは，**大量のデータを統計的な手法**を用いてコンピュータで分析し，人間が発見しにくい法則や**相関関係を見つける**方法です。

▶**例**　クレジットカードの不正な利用を発見する場合
過去に日本で９：00～24：00の利用履歴データしかなかったのに，アメリカで４：00に利用された場合，異常を警告する。

■BI（Business Intelligence）ツール

BI（ビーアイ）とは，ビジネスに関わるあらゆる情報を蓄積し，その情報を経営者や社員が自ら分析し，分析結果を経営や事業推進に役立てるためのツールです。

データウェアハウス

データウェアハウスとは，企業経営の意思決定を支援するために，目的別に編成された時系列データの集まりのことです。

POS（販売時点情報管理）

POS（ポス）（Point Of Sales）とは，店舗で商品を販売した時点で**販売情報を記録**し，商品売上情報を単品ごとに収集，蓄積，分析するシステムのことです。販売時点での売上管理，在庫管理，商品管理などが容易にできる仕組みです。スーパーやコンビニで利用されています。

CRM（顧客関係管理）

CRM（シーアールエム）（Customer Relationship Management）とは，**顧客関係管理**のことです。顧客情報や顧客とのやり取りの記録を**一元管理**することで，顧客対応を行う部署で情報共有できるようにします。これにより，顧客満足度を高め，常連客を増やすことで売上を増やし，企業の価値を高めることを目的としています。

SFA（営業支援システム）

SFA（エスエフエー）（Sales Force Automation）とは，**営業支援システム**のことです。IT技術を利用して**営業部隊の生産性向上，効率化**を進めます。

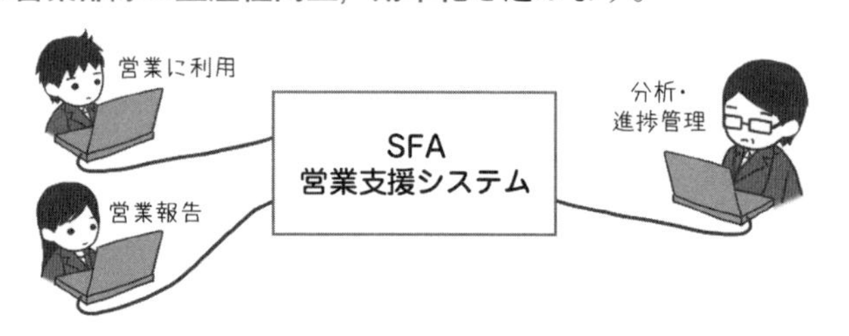

MRP（資材所要量計画）

MRP（エムアールピー）（Materials Requirements Planning）とは，**生産に必要な資材量を把握し，適切な発注計画**をおこなうことで，在庫管理を最適化することです。MRPを実現させるために，在庫管理システムを使います。

ポイント ①　在庫切れを防止し，生産をストップさせない。
②　過剰な在庫を持たず，在庫保管のコストを低く抑える。

ERP（経営資源計画）

ERP（イーアールピー）（Enterprise Resource Planning）とは，経営資源計画のことです。生産や販売，在庫，購買，物流，会計，人事などの**企業内のあらゆる経営資源**を有効活用するという観点が必要です。**企業全体で統合的に管理**し，最適に配置・配分することで，経営資源の最適化と経営の効率化を図っています。

ERPの考え方に基づいた情報システムをERPパッケージと呼びます。ERPパッケージでは，購買データを入力すると，在庫データや会計データへ連携でき，効率的な業務を実現できます。

バリューチェーン（価値連鎖）

バリューチェーンとは，材料購入から販売後のサポートまでを一連の流れ（チェーン）と見て，各工程で材料に価値が追加され，企業の利益につながるという考え方です。バリューチェーンを中心に管理する方法をバリューチェーンマネジメントといいます。

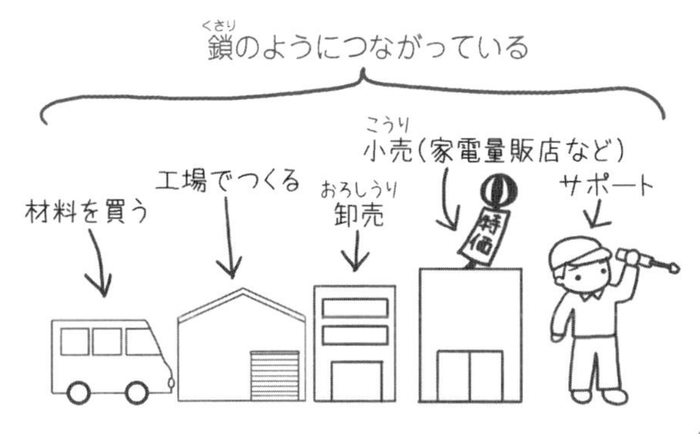

SCM（サプライチェーンマネジメント）　重要！

SCM（Supply Chain Management）とは，サプライチェーン（供給の鎖）をマネジメント（管理）することです。SCMにより開発，調達，製造，発送，販売といった各プロセスでの**在庫量**や**滞留時間**などを削減できます。大規模なシステムを組み，IT技術で管理しています。

ポイント

① 顧客には最短かつタイムリーに製品を供給

② 企業はリードタイムの縮小，在庫の縮小，設備の稼働率向上

■ロジスティクス

調達から販売に至るまでの物の流れを管理することで，物流の最適化を図ることを**ロジスティクス**といいます。近年ではITを使った効率的な物流管理が多く行われています。

また，物流について追跡が可能な状態である**トレーサビリティ**も重要です。

■カニバリゼーション

カニバリゼーションとは，自社の製品・サービス同士が競合し「共食い」してしまうことです。

■TQC，TQM

TQC（Total Quality Control）とは，企業の全段階において全員の参加による総合的品質管理のことです。小グループを作り全員参加で品質管理を行うQCサークルが含まれます。

TQM（Total Quality Management）とは，企業全体で品質管理を行うための経営，マネジメントのことです。

■シックスシグマ

シックスシグマとは，不良品率を引き下げ，顧客満足度を高める品質管理手法です。QCサークルのような品質管理活動に定量的な評価を加えています。

■TOC

TOC（Theory Of Constraints）とは，制約理論や制約条件といわれ，組織や業務は少数の制約によってパフォーマンスが制限されているという考え方です。

Chapter02-07～08

過去問演習

製品の生産方式

Q 1　工程間の仕掛品や在庫を削減するために，必要なものを必要なときに必要な数量だけ後工程に供給することを目的として，全ての工程が後工程からの指示や要求に従って生産する方式はどれか。

ア　ジャストインタイム生産方式　　イ　セル生産方式

ウ　見込生産方式　　エ　ロット生産方式

解説　**「必要なものを必要なときに必要な数量だけ」**という文言より，アのジャストインタイム生産方式が正解とわかる。

イ　セル生産方式とは１人または少人数で生産の全工程を担当する方式。

ウ　見込生産方式とは生産開始時の計画に基づき，見込数量を生産する方式。

エ　ロット生産方式とは製品ごとにある数量単位（ロット単位）で生産する方式。

正解　ア　（2013年秋期 問25）

情報システム戦略

Q 2　企業の情報システム戦略で明示するものとして，適切なものはどれか。

ア　ITガバナンスの方針

イ　基幹システムの開発体制

ウ　ベンダ提案の評価基準

エ　利用者の要求の分析結果

解説　情報システム戦略とは情報戦略ともいい，社内でITを有効活用できるように立てる戦略のこと。情報システム戦略では**ITガバナンスの方針**を明示するので，アが正解。

正解　ア　（2018年春期 問４）

社内でのIT利用

Q 3　蓄積されている会計，販売，購買，顧客などの様々なデータを，迅速かつ効果的に検索，分析する機能をもち，経営者などの意思決定を支援することを目的としたものはどれか。

ア　BIツール　　イ　POSシステム

ウ　電子ファイリングシステム　　エ　ワークフローシステム

解説　「データを分析」や「経営者などの意思決定を支援」との文言より，アのBIツールが正解とわかる。

イ　販売情報を記録し商品売上情報を収集，分析するシステム。

ウ　電子ファイルを管理するシステム。

エ　稟議書などを作成・承認するシステム。

正解　ア　（2020年秋期 問 7）

バリューチェーン

Q 4　バリューチェーンの説明として，適切なものはどれか。

ア　企業が提供する製品やサービスの付加価値が事業活動のどの部分で生み出されているかを分析するための考え方である。

イ　企業内部で培った中核的な力（企業能力）のことであり，自社独自の価値を生み出す源泉となるものである。

ウ　製品や市場は必ず誕生から衰退までの流れをもち，その段階に応じてとるべき戦略が異なるとする考え方である。

エ　全社的な観点から製品又は事業の戦略的な位置付けをして，最適な経営資源の配分を考えようとするものである。

解説　バリューチェーンは材料購入から販売後のサポートまでを一連の流れと見て，各工程で価値が追加されるという考え方。「製品やサービスの付加価値が…どの部分で生み出されているか」という部分より，アが正解とわかる。

イ　コアコンピタンスの説明。

ウ　プロダクトライフサイクルの説明。

エ　プロダクトポートフォリオマネジメントの説明。

正解　ア　（2018年春期 問12）

SCM

Q 5　SCMの説明として，適切なものはどれか。

ア　営業，マーケティング，アフターサービスなど，部門間で情報や業務の流れを統合し，顧客満足度と自社利益を最大化する。

イ　調達，生産，流通を経て消費者に至るまでの一連の業務を，取引先を含めて全体最適の視点から見直し，納期短縮や在庫削減を図る。

ウ　顧客ニーズに適合した製品及びサービスを提供することを目的として，業務全体を最適な形に革新・再設計する。

エ　調達，生産，販売，財務・会計，人事などの基幹業務を一元的に管理し，経営資源の最適化と経営の効率化を図る。

解説　SCMとは，調達から販売までのサプライチェーンを見直し，在庫削減などを図る管理手法なのでイが正解。

正解　イ　(2020年秋期 問15)

物流の最適化

Q 6　調達や生産，販売などの広い範囲を考慮に入れた上での物流の最適化を目指す考え方として，適切なものはどれか。

ア　トレーサビリティ

イ　ベストプラクティス

ウ　ベンチマーキング

エ　ロジスティクス

解説　物流の最適化からロジスティクスの説明とわかる。エが正解。

ア　物流について追跡が可能な状態であること。

イ　最も効率の良い方法のこと。

ウ　製品などのを継続的に測定し，優良企業のパフォーマンスと比較すること。

正解　エ　(2018年春期 問23)

Chapter03

企業の戦略②

01　マーケティング

①分析方法の種類を覚える。
②どのように分析するかを理解する。

マーケティングとは，顧客に商品をどのように売るか，ということです。マーケティングではさまざまな指標を使って市場や自社の状況を分析し，商品を売ることに活用します。

ここでは，マーケティングに関する用語や分析指標を学びます。

コアコンピタンス

コアコンピタンスとは，**他社が真似できない核**（コア）**となる能力**のことです。

コアコンピタンスを持てば，他社との競争で有利な立場を維持することができます。そのため，経営者は何が自社のコアコンピタンスなのかを理解しておくことが大切です。

たとえば，ホンダにおけるエンジン技術がコアコンピタンスです。

SWOT分析

SWOT分析とは，自社の強み弱みなどを把握するためにおこなう分析です。

Strengths：強み　目標達成に貢献する組織（個人）の特質

Weaknesses：弱み　目標達成の障害となる組織（個人）の特質

Opportunities：機会　目標達成に貢献する外部の特質

Threats：脅威　目標達成の障害となる外部の特質

	好影響	悪影響
内部要因	強み ・肉，魚の品揃えが豊富 ・大型駐車場の確保	弱み ・生鮮食品の品揃えが薄い
外部要因	機会 ・新興住宅地での用地確保	脅威 ・大手スーパーの出店加速

暗記　SWOT分析

内部要因（内部環境）・・・強み，弱み

外部要因（外部環境）・・・機会，脅威

ベンチマーキング

ベンチマーキングとは，製品，サービス，プロセスなどを継続的に測定し，優良企業のパフォーマンスと比較することです。

プロダクトポートフォリオマネジメント（PPM）

プロダクトポートフォリオマネジメントとは，複数の事業をおこなっている企業が，最も効率的・効果的となる製品や事業の組み合わせ（ポートフォリオ）を決定するための経営分析・管理手法のことです。

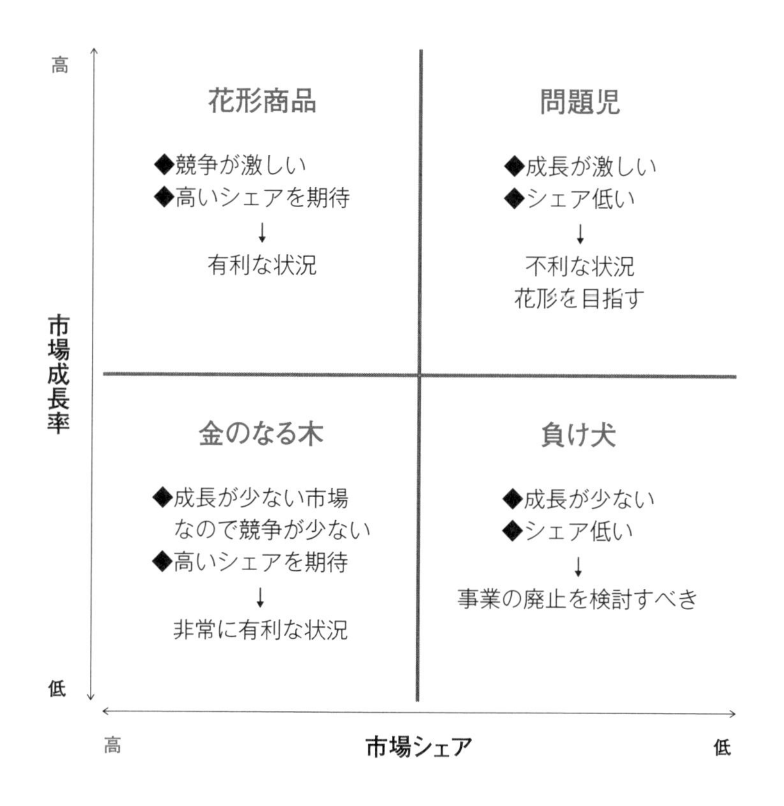

3C分析

3C分析とは，業界の環境を把握し戦略を練る目的で使う分析手法です。3つのCとは「Customer（顧客）」「Competitor（競合）」「Company（自社）」を表します。

■マーケティングミックス

マーケティングミックスとは，顧客に商品を売るために，いくつかの要素を組み合わせることで，4Pと4Cが有名です。次の4つのPに関する市場調査や分析をすることを4Pといい，顧客から見た視点を4Cといいます。

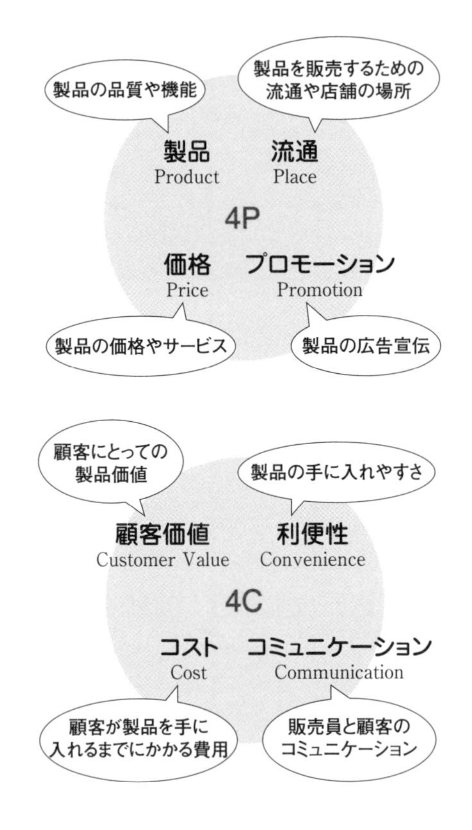

プロダクトライフサイクル

製品が発売から廃番になるまでの寿命を表したものをプロダクトライフサイクルといいます。

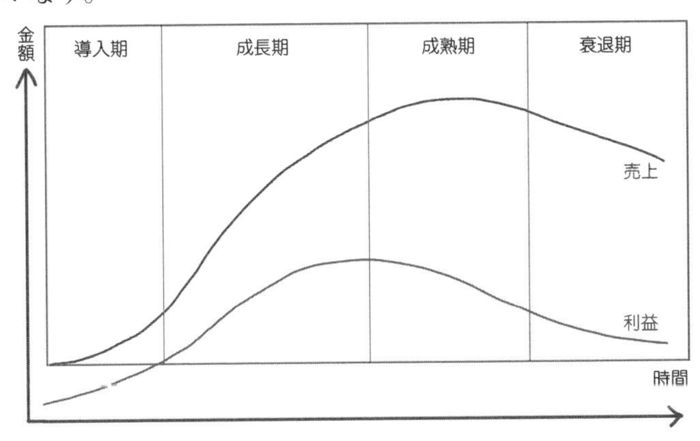

① 導入期

製品の認知度が低く，一般消費者にはその効用がまだ知られていない段階。広告宣伝をおこなって製品の認知度を高める戦略がとられる。

② 成長期

製品の普及が進み始め，市場が急激に拡大する段階。他社からの参入が相次ぎ，競争が激しくなる。製品の特性を改良し，他社との差別化を図る戦略がとられる。

③ 成熟期

市場が飽和状態となり，競争に敗れた企業は撤退し，勝ち残った企業のブランドが確立する段階。小幅な製品改良やスタイル変更などによって，投資を抑えながらシェアの維持や利益の確保が図られる。

④ 衰退期

需要が減り始め，売上が急激に減少する段階。市場からの撤退を検討する時期である。

ロングテール

売れ筋商品の販売より，少額の多品種の販売により得られる利益が大きいことを表す考え方をロングテールといいます。Amazonなど，インターネット上のビジネスを説明する場合に使われることが多いです。

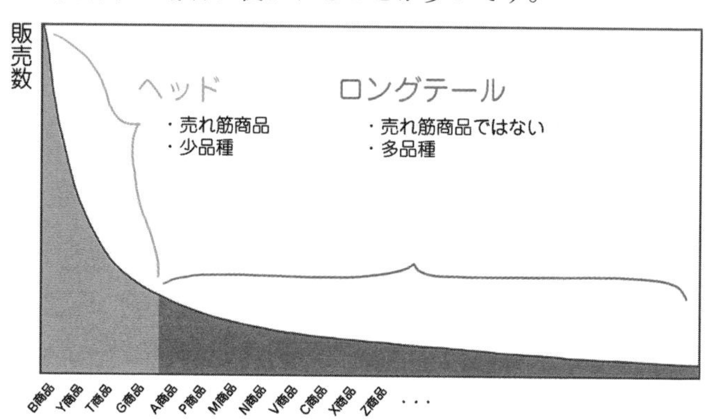

オピニオンリーダ

消費者を商品購入に対する態度で分類した場合，商品購入に重要な影響を及ぼす人物のことをオピニオンリーダといいます。

ポジショニング

ポジショニングとは，自社の製品・サービスが，他社と比べてユニークで魅力的だというポジションを確立し，ターゲットである顧客にイメージしてもらうことです。

Webマーケティング

Webマーケティングとは，Webページを使って集客，販売をすることです。近年では，Webページに加えSNSを含んだデジタルマーケティングを行う企業も増えています。

Chapter03-01

過去問演習

競争優位の源泉

Q 1　顧客に価値をもたらし，企業にとって競争優位の源泉となる競合他社には模倣されにくいスキルや技術を指すものはどれか。

ア　アカウンタビリティ　　イ　コアコンピタンス
ウ　コーポレートガバナンス　　エ　パーソナルスキル

解説　「企業の競争優位」と「模倣されにくいスキルや技術」より，イのコアコンピタンスが正解であることがわかる。
ア　アカウンタビリティとは，株主やそのほかの利害関係者に対して，経営活動の内容や実績に関する説明責任を負うこと。
ウ　コーポレートガバナンスとは，株主に対して企業活動の正当性を保持するために経営管理が適切におこなわれているかどうかを監視し，点検すること。
エ　パーソナルスキルとは，業務をおこなう際に必要となる人的なスキルのこと。

正解　イ　（2011年秋期 問22）

付加価値の源泉分析

Q 2　“モノ”の流れに着目して企業の活動を購買，製造，出荷物流，販売などの主活動と，人事管理，技術開発などの支援活動に分けることによって，企業が提供する製品やサービスの付加価値が事業活動のどの部分で生み出されているかを分析する考え方はどれか。

ア　コアコンピタンス　　イ　バリューチェーン
ウ　プロダクトポートフォリオ　　エ　プロダクトライフサイクル

解説　「付加価値」が「どの部分で生み出されているか」を分析しているので，イのバリューチェーンが正解とわかる。
ア　コアコンピタンスとは，他社が真似できない核（コア）となる能力のこと。
ウ　プロダクトポートフォリオとは，企業が製品や事業の組み合わせを決定するための経営分析の手法。
エ　プロダクトライフサイクルとは，製品が発売から廃番になるまでの寿命を表したもの。

正解　イ　（2010年春期 問９）

マーケティング

Q 3　横軸に相対マーケットシェア，縦軸に市場成長率を用いて自社の製品や事業の戦略的位置付けを分析する手法はどれか。

ア　ABC分析　　　イ　PPM分析

ウ　SWOT分析　　エ　バリューチェーン分析

解説　「横軸に相対マーケットシェア」「縦軸に市場成長率」との文言より，イが正解とわかる。

ア　重要な項目から順にABCのランクを付ける分析。

ウ　内部要因と外部要因に分け，自社の強みなどを把握する。

エ　材料購入から販売後のサポートまでの各工程を分析。

正解　イ　　（2020年秋期 問21）

マーケティングミックスの４P

Q 4　企業は，売上高の拡大や市場占有率の拡大などのマーケティング目標を達成するために，４Pと呼ばれる四つの要素を組み合わせて最適化を図る。四つの要素の組合せとして適切なものはどれか。

ア　価格（price），製品（product），販売促進（promotion），利益（profit）

イ　価格（price），製品（product），販売促進（promotion），流通（place）

ウ　価格（price），製品（product），利益（profit），流通（place）

エ　製品（product），販売促進（promotion），利益（profit），流通（place）

解説　マーケティングミックスの４Pは以下の通り。イが正解である。

Price（価格）

Product（製品）

Promotion（プロモーション）

Place（流通）

正解　イ　　（2013年春期 問10）

02 データを分析する道具

品質管理の７つ道具を覚える。

企業では，製品の製造やマーケティングにおいてさまざまな分析をする機会があります。代表的な分析ツールを「**品質管理の７つ道具**」とよびます。各分析ツールの名称を覚え，おおまかな分析手法をおさえましょう。

①パレート図　②散布図　③特性要因図　④ヒストグラム
⑤管理図　⑥チェックシート　⑦層別

パレート図

パレート図とは，数値（売上，費用の金額など）を棒グラフで，割合を線グラフで表したものです。重要な項目を把握して，優先順位をつけて対策をおこなうために使います。

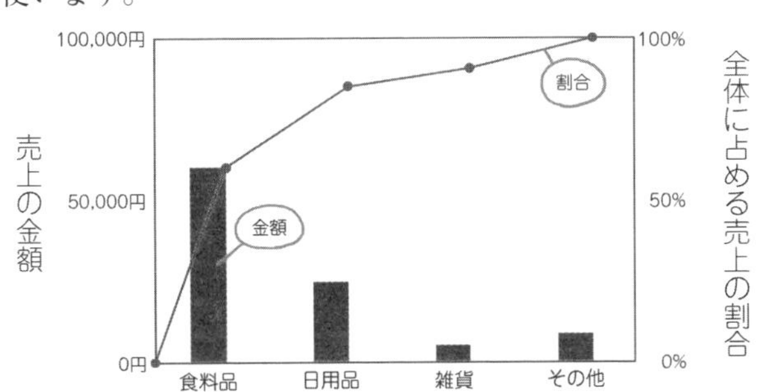

パレート図で把握した重要な項目をABC分析で分析することもあります。

補足　ABC分析とは？　重要な項目から順にABCのランクを付ける。

Ａ：重要管理品目　▶上の例では「食料品」
Ｂ：中程度管理品目▶上の例では「日用品」
Ｃ：一般管理品目　▶上の例では「雑貨」

散布図

散布図（さんぷず）は縦軸と横軸の2つの要因の相関関係を把握するために使います。点を打った後，下の図のように傾向を直線で表すこともあります。

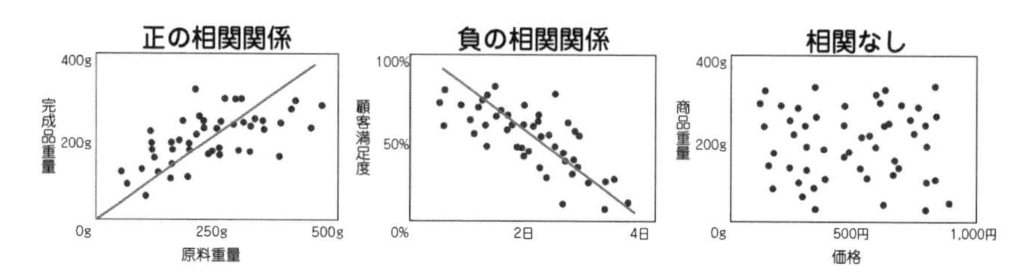

補足　**回帰分析とは？**

回帰分析とは，散布図のデータをもとに，傾向を直線として表したものです。過去のデータを使い，関係式に落とし込み，今後の予想に利用します。

特性要因図（フィッシュボーンチャート）

特性要因図は，結果（特性）に対して，どのような原因（要因）があるのかを把握するために使います。

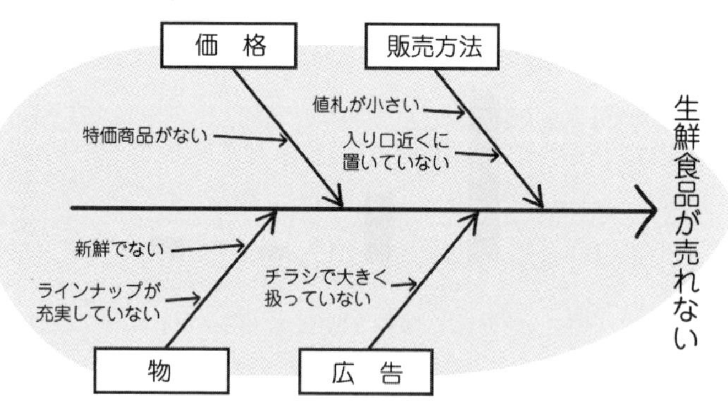

魚の骨のような形をしている。

ヒストグラム

ヒストグラムは，棒グラフを使って品質の平均値を把握するために使います。

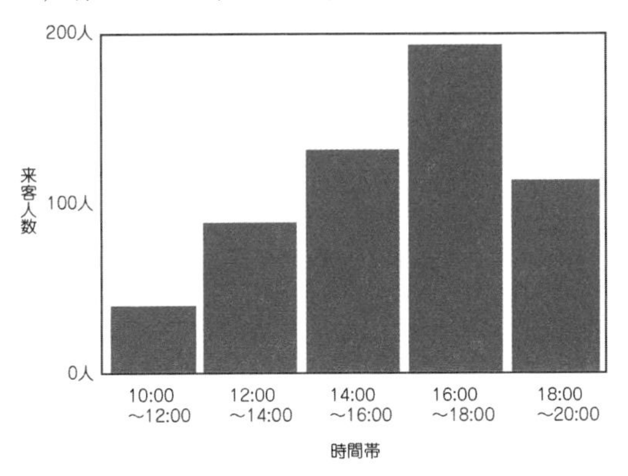

管理図

管理図は，異常値を把握するために使います。

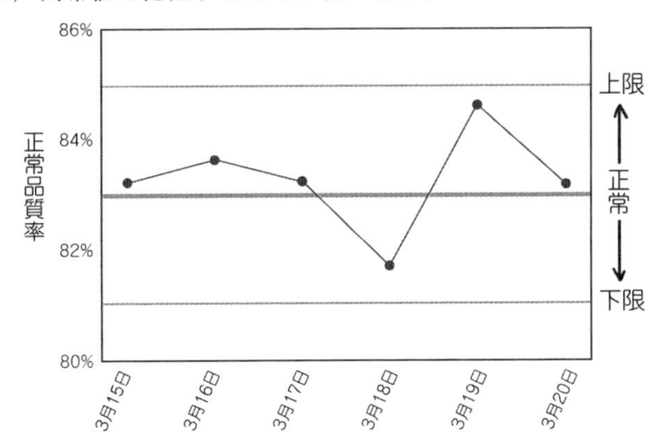

補足 **「異常値」とは？**

上の管理図で品質率が86％や80％であれば，異常値であり，その原因を分析します。正常品質率が81％～85％であれば，正常な値です。「上限を超えても異常」というのは違和感を感じるかもしれませんが，あまりに正常品質率が高いときは，測定ミスなどが発生していることも考えられるため，異常と判断して調査すべきなのです。

チェックシート

チェックシートは作業を漏れなくおこなうために使います。チェックシートを使えば，誰でも簡単に作業ができるという利点があります。上司は作業をやったかどうか，チェックシートを見て確認できます。

製品品質チェックシート

3月16日

No	項　目	チェック
1	パッケージにキズ・汚れがないか	✓
2	製品番号が印字してあるか	✓
3	品質保持期限が印字してあるか	✓
4	液体が汚濁していないか	✓
5	キャップが閉まっているか	

層別

層別とは，ここまで出てきた6つのツールを作るときに，データの分類をおこなうための考え方です。層別は，分析ツールではなく「考え方」です。なお，層別は試験への出題可能性が低くなっています。

ポイント

・目的別　　・分け方　　・重複せず，漏れがなく

たとえば「散布図」の分析に層別の考え方を取り入れると下のようになります。

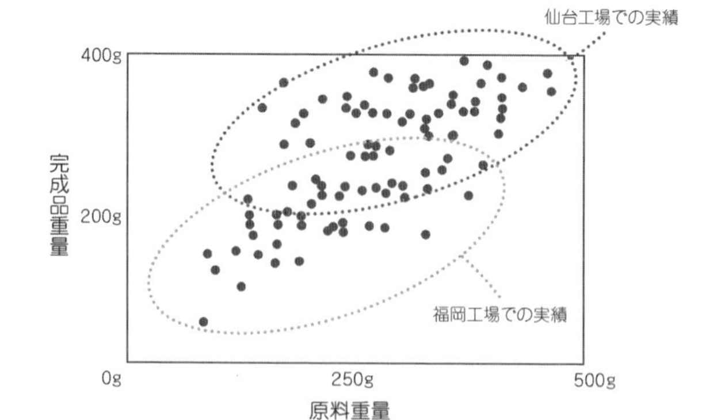

レーダチャート

レーダチャートでは，複数の項目の大きさを1つのグラフに表します。全体のバランスを知ることができ，また，正多角形が大きいほど数値が高いことを示しています。

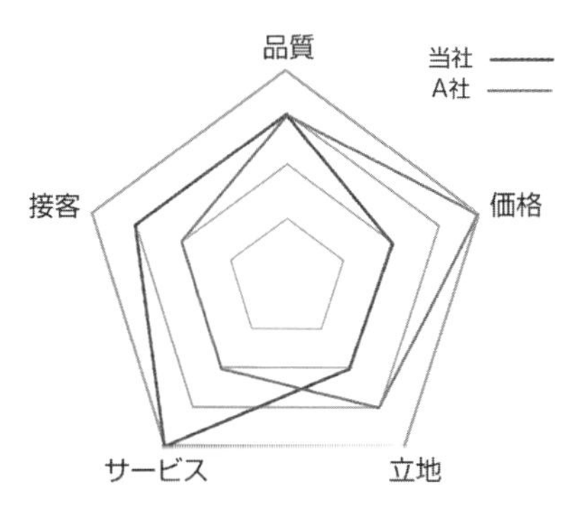

回帰分析

回帰分析とは「要因となる数値」と「結果となる数値」の関係を明らかにする統計手法です。

たとえば自社Webページの閲覧が，20代女性の場合と40代女性の場合でそれぞれ購入金額がいくらになるのかなど，戦略を立てる上で必要な数値を知ることができます。

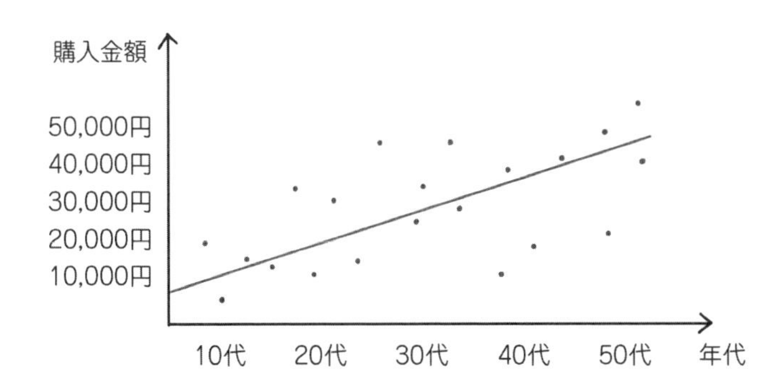

Chapter03-02

過去問演習

パレート図

Q 1　パレート図の説明として，適切なものはどれか。

ア　作業を矢線で，作業の始点／終点を丸印で示して，それらを順次左から右へとつなぎ，作業の開始から終了までの流れを表現した図

イ　二次元データの値を縦軸と横軸の座標値としてプロットした図

ウ　分類項目別に分けたデータを件数の多い順に並べた棒グラフで示し，重ねて総件数に対する比率の累積和を折れ線グラフで示した図

エ　放射状に延びた数値軸上の値を線で結んだ多角形の図

解説　パレート図の特徴は，「多い順に並べた棒グラフ」と「折れ線グラフ」である。ウが正解とわかる。

ア　アローダイアグラムの説明。

イ　散布図の説明。

エ　レーダーチャートの説明。

正解　ウ　　(2011年秋期 問14)

最適な図の選択

Q 2　ソフトウェアの設計品質には設計者のスキルや設計方法，設計ツールなどが関係する。品質に影響を与える事項の関係を整理する場合に用いる，魚の骨の形に似た図形の名称として，適切なものはどれか。

ア　アローダイアグラム　　イ　特性要因図

ウ　パレート図　　エ　マトリックス図

解説　「魚の骨の形に似た図形」という文言より，イの特性要因図が正解とわかる。

ア　アローダイアグラムとは，プロジェクトの作業日数を矢印を使って表したもの。

ウ　パレート図とは，数値を棒グラフで，割合を線グラフで表したもの。

エ　マトリックス図とは，表の縦軸と横軸に項目を記入し，両者の関連度合いを表したもの。

正解　イ　　(2014年春期 問４)

03 戦略を練るための道具

①BSCの４つの視点を覚える。
②BSCの３つの指標を覚える。

企業全体の戦略を練るための道具としてBSC（バランススコアカード），デシジョンツリーなどがあります。

BSC（バランススコアカード）

BSC（Balanced Scorecard）とは，企業の業績評価の方法です。どの要因が業績に関係があるのかを探し，担当者は具体的に何をすればいいのかを把握するためにおこないます。BSCを導入することで短期的な財務成果に偏らない複数の視点から，戦略策定や業績評価をおこなうことができます。

	KGI Key Goal Indicator （数値目標）	CSF Critical Success Factor（実施項目）	KPI Key Performance Indicator（評価指標）
財務の視点	東北地区シェア20%	地域スーパーとの合併・低価格による顧客獲得	シェア （売上高ベース）
顧客の視点	大量仕入れによる低価格の実現	大量仕入れのしくみづくり・仕入先への積極的な提案	原価率
業務プロセスの視点	ITの活用で品質管理	新システム導入	当期中の稼働開始
学習と成長の視点	社員教育の充実	現場研修およびIT研修の拡充	研修回数

BSCの各指標は，次のようによばれることもあります。

- 数値目標→KGI（重要目標達成指標）
- 実施項目→CSF（主要成功要因）
- 評価指標→KPI（重要業績評価指標）

■デシジョンツリー

意思決定の分かれ道を次のように表すことがあります。木のように分かれていることから「デシジョンツリー」とよばれています。これを表形式でまとめたものをデシジョンテーブルといいます。

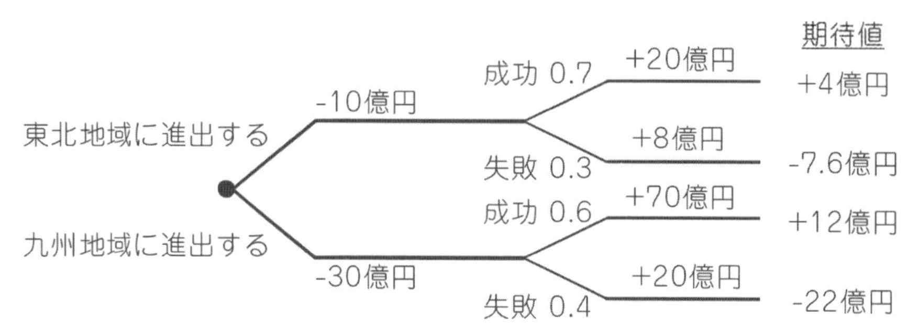

■バリューエンジニアリング（VE）

バリューエンジニアリング（VE：Value Engineering）とは，製品の価値を最大化しようとする手法です。価値を機能とコストの関係で把握します。

■ブレーンストーミング

ブレーンストーミングとは，複数人でおこなう会議の方法です。ブレストといわれることもあります。会議に集まった人は，議題について自由に意見を出すため，新しいアイディアが出る可能性があります。

シミュレーション

シミュレーションとは，戦略を導入する前に，実際を想定した計算や模擬行動をしてみることです。

親和図法

親和図法（しんわずほう）とは，課題に関する事実・意見・発想を言語化し，親和性のあるもの同士をまとめることにより，課題の解決をするための方法です。**KJ法**といわれることもあります。

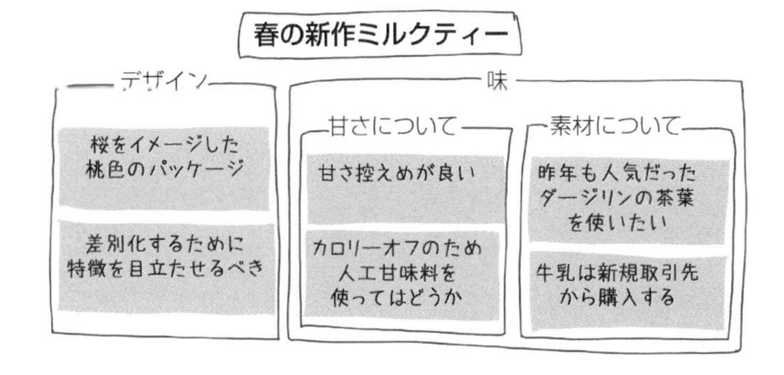

Chapter03-03

過去問演習

バランススコアカード

Q 1　BSC（Balanced Scorecard）に関する記述として，適切なものはどれか。

ア　企業や組織のビジョンと戦略を，四つの視点（“財務の視点”，“顧客の視点”，“業務プロセスの視点”，“成長と学習の視点”）から具体的な行動へと変換して計画・管理し，戦略の立案と実行・評価を支援するための経営管理手法である。

イ　製品やサービスを顧客に提供するという企業活動を，調達，開発，製造，販売，サービスといったそれぞれの業務が，一連の流れの中で順次，価値とコストを付加・蓄積していくものと捉え，この連鎖的活動によって顧客に向けた最終的な“価値”が生み出されるとする考え方のことである。

ウ　多種類の製品を生産・販売したり，複数の事業を行ったりしている企業が，戦略的観点から経営資源の配分が最も効率的・効果的となる製品・事業相互の組合せを決定するための経営分析手法のことである。

エ　目標を達成するために意思決定を行う組織や個人の，プロジェクトやベンチャービジネスなどにおける，強み，弱み，機会，脅威を評価するのに用いられる経営戦略手法のことである。

解説　「四つの視点（“財務の視点”，“顧客の視点”，“業務プロセスの視点”，“成長と学習の視点”）」との文言より，アが正解とわかる。

イ　バリューチェーンの説明。

ウ　PPM（プロダクトポートフォリオマネジメント）の説明。

エ　SWOT分析の説明。

正解　ア　　（2020年秋期 問６）

製品やサービスの価値の向上

Q 2　製品やサービスの価値を機能とコストの関係で分析し，機能や品質の向上及びコスト削減などによって，その価値を高める手法はどれか。

ア　サプライチェーンマネジメント　イ　ナレッジマネジメント
ウ　バリューエンジニアリング　エ　リバースエンジニアリング

解説　「価値を機能とコストの関係で分析」との文言より，ウのバリューエンジニアリングが正解とわかる。

ア　サプライチェーンマネジメントとは，サプライチェーン（供給の鎖）をマネジメント（管理）すること。

イ　ナレッジマネジメントとは，個々の社員の持つ知識（Knowledge）を，他の社員と共有する経営手法のこと。

エ　リバースエンジニアリングとは，既存の製品を分解し，解析することによって，その製品の構造を解明して技術を獲得する手法のこと。ソフトウェアの開発プロセスで使用される手法。

正解　ウ　（2016年春期 問28）

ブレーンストーミング

Q 3　ブレーンストーミングの進め方のうち，適切なものはどれか。

ア　自由奔放なアイディアは控え，実現可能なアイディアの提出を求める。

イ　他のメンバの案に便乗した改善案が出ても，とがめずに進める。

ウ　メンバから出される意見の中で，テーマに適したものを選択しながら進める。

エ　量よりも質の高いアイディアを追求するために，アイディアの批判を奨励する。

解説　ブレーンストーミングは，「自由に意見を出す」ことで，型にはまらない「新しいアイディア」が生まれることを目的としている。したがって，ア，ウのように意見を限定するような進め方や，エのように意見の批判を奨励する進め方は適切ではない。

正解　イ　（2018年春期 問20）

04 標準化

用語の意味を理解する。

たとえば家電製品のコンセントの形状が各企業バラバラだと，使う人はとても不便です。規格を統一し，互換性を確保することで多くの人が利用しやすくなるよう標準化が行われます。

JANコードとQRコード

JAN（ジャン）コード（Japanese Article Number code）とは，POS（ポス）で利用されているバーコードで，共通商品コードが埋め込まれています。QR（キューアール）コードとは，航空券やスマートフォンなどで利用されており，文字情報が埋め込まれています。

JANコード
1次元バーコード

QRコード
2次元バーコード

ISO

ISO（アイエスオー）（International Organization for Standardization：国際標準化機構）は，工業分野の国際規格を策定するための組織です。IT分野に関わるものは「ISO9001 品質マネジメントシステム」と「ISO14001 環境マネジメントシステム」です。

その他にも次のような国際標準化団体や国内標準化団体があります。

- **IEC**：国際電気標準会議。
- **W3C**：Web技術の標準化を推進するための非営利団体。
- **JIS**：日本産業規格。トイレットペーパーのサイズなどもJISによる。

デファクトスタンダード

デファクトスタンダードとは，業界団体が標準化するのではなく，多くの人が利用することで「事実上の標準」となることです。

Chapter03-04

過去問演習

JANコード

Q 1　POSシステムやSCMシステムにJANコードを採用するメリットとして，適切なものはどれか。

ア　ICタグでの利用を前提に作成されたコードなので，ICタグの性能を生かしたシステムを構築することができる。

イ　画像を表現することが可能なので，商品画像と連動したシステムへの対応が可能となる。

ウ　企業間でのコードの重複がなく，コードの一意性が担保されているので，自社のシステムで多くの企業の商品を取り扱うことが容易である。

エ　商品を表すコードの長さを企業が任意に設定できるので，新商品の発売や既存商品の改廃への対応が容易である。

解説　JANコードでは各企業の事業者コードも含まれているので，企業間でのコードの重複がない。ウが正解。

ア　ICタグとは，ICチップのような電波を受けて働く小型の電子装置。JANコードはICタグの利用を前提に作成されたわけではない。

イ　JANコードは数字を表現するので，画像を表現できない。

エ　コードの長さは13桁または８桁と決まっている。

正解　ウ　(2017年春期 問33)

ISO

Q 2　ISOが定めた環境マネジメントシステムの国際規格はどれか。

ア　ISO9000　　　イ　ISO14000

ウ　ISO/IEC20000　　エ　ISO/IEC27000

解説　環境マネジメントシステムの国際規格はISO14000なので，イが正解。

ア　ISO9000は品質マネジメントシステムの国際規格。

ウ　ISO/IEC20000はITサービスマネジメントシステムの国際規格。

エ　ISO/IEC27000は情報セキュリティマネジメントシステムの国際規格。

正解　イ　(2017年秋期 問10)

Chapter04

会　計

01　会計書類の名前

財務諸表の種類を覚える。

投資家に対して業績などを説明する，ホームページに載せるなどに使うため，企業では会計書類を作成します。

財務諸表

財務諸表(ざいむしょひょう)とは，損益計算書(そんえきけいさんしょ)（P/L），貸借対照表(たいしゃくたいしょうひょう)（B/S），キャッシュ・フロー計算書（C/F），包括利益計算書(ほうかつりえきけいさんしょ)，株主資本等変動計算書(かぶぬししほんとうへんどうけいさんしょ)（S/S），附属明細表の6つのことを指します。財務諸表は上場企業の有価証券報告書で開示が義務付けられています。次の3つだけ覚えておけば大丈夫です。

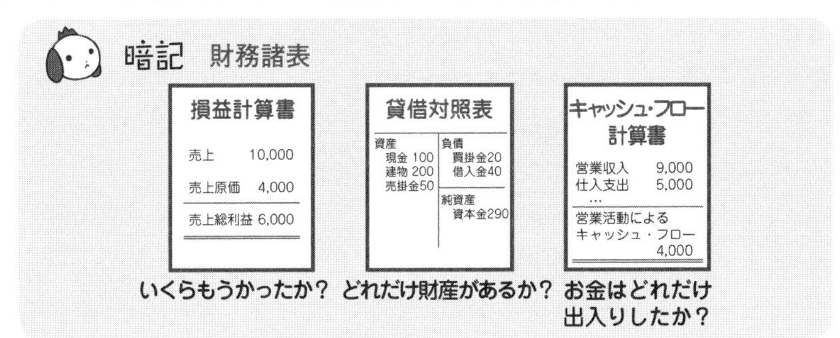

損益計算書

損益計算書とは，企業が「いくらもうかったか」を表した資料です。会計では「いくらもうかったか」を**利益**(りえき)といい，次のように計算します。

収益(しゅうえき)－費用(ひよう)＝利益

収益とは，企業が商品・サービスを売った金額や，持っている土地の一部を貸したことで得られる収入などのことです。**費用**とは，売るための商品を買った金額や人件費などのことです。

貸借対照表

貸借対照表とは，企業にどれだけ財産があるかを表した資料です。貸借対照表には，次の情報が記載されています。

資産の部

資産とは，現金や建物など企業の財産を表す言葉です。資産の部には，1年以内に現金化される売掛金などの**流動資産**，1年以内に現金化されない建物などの**固定資産**が含まれます。また，費用の性質を持つが，効果が長年にわたって継続するため資産として扱う**繰延資産**（くりのべしさん）もあります。

固定資産は，特許権などの目に見えない価値を表す**無形固定資産**と，目に見える建物などの有形固定資産に分けられます。

負債の部

負債とは，借入金など企業の借金を表す言葉です。負債の部には，1年以内に支払わなければいけない買掛金などの**流動負債**，1年を超えて支払わなければいけない借入金などの**固定負債**が含まれます。

純資産の部

資産と負債の差額を純資産といいます。財産から借金を引いた，企業が持っている実質的な財産の価値を表しています。

キャッシュ・フロー計算書

キャッシュ・フロー計算書とは，その名のとおりお金の状況・お金の流れを表した資料です。キャッシュ・フロー計算書には，次の3区分が含まれます。

キャッシュ・フロー計算書の区分

営業活動によるキャッシュ・フロー
投資活動によるキャッシュ・フロー
財務活動によるキャッシュ・フロー

Chapter04-01

過去問演習

貸借対照表

Q 1　企業の財務状況を明らかにするための貸借対照表の記載形式として，適切なものはどれか。

ア

借方	貸方
資産の部	負債の部
	純資産の部

イ

借方	貸方
資本金の部	負債の部
	資産の部

ウ

借方	貸方
純資産の部	利益の部
	資本金の部

エ

借方	貸方
資産の部	負債の部
	利益の部

解説　貸借対照表は企業の財務状況を明らかにするための資料。現金など企業が有している資産を**資産の部**，借入金などを**負債の部**，株主から出資された金額などを**純資産の部**に表示する。負債の部＋純資産の部＝資産の部という関係なので，アが正解。

正解　ア　（2017年秋期 問３）

財務諸表

Q 2　経営状態に関する次の情報のうち，上場企業に有価証券報告書での開示が義務付けられている情報だけを全て挙げたものはどれか。

a　キャッシュ・フロー計算書　　b　市場シェア

c　損益計算書　　d　貸借対照表

ア　a，b，c　　イ　a，b，d　　ウ　a，c，d　　エ　b，c，d

解説　上場企業に有価証券報告書での開示が義務付けられている情報は，財務諸表である。財務諸表に該当するのは，**キャッシュ・フロー計算書**，**損益計算書**，**貸借対照表**の３つ。ウが正解。

正解　ウ　（2014年秋期 問18）

02 利益と損益分岐点

変動費と固定費の考え方が重要。

会計で最も重要なのが利益です。利益は，売上などの収益から費用をマイナスした金額のことをいいます。また，費用が変動費と固定費から構成されるということも覚えておきましょう。

利益 

会計で使われる利益の名前が出題されるので，押さえておきましょう。

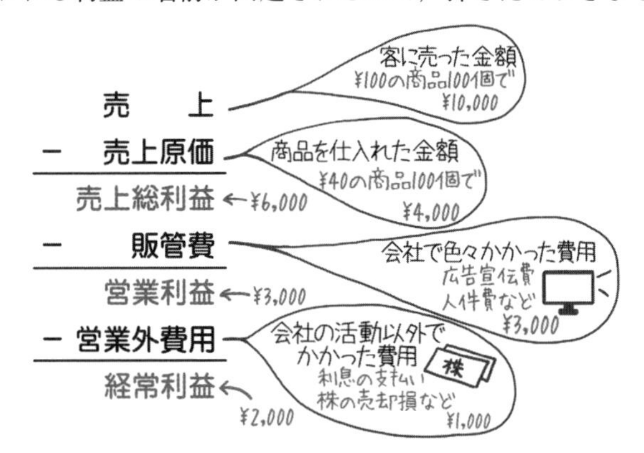

暗記 覚える利益の公式

①売上総利益（粗利益）＝ 売上－売上原価

②営業利益 ＝①売上総利益－販管費

③経常利益 ＝②営業利益－営業外費用（＋営業外収益）

売上・変動費・固定費

売上との対応関係から，費用を「変動費」と「固定費」に分けて考えることがあります。売上原価，販売費及び一般管理費（販管費），営業外費用はそれぞれ，変動費と固定費に分けることができます。

費用を変動費と固定費に分けることで，損益分岐点の計算ができるようになります。

損益分岐点の分析

損益分岐点（そんえきぶんきてん）とは，何個売れば，損失から利益になるのかを表すもの。つまり，利益が0円の点です。損益分岐点売上とは，利益が0円になるときの売上のことをいいます。P.68冒頭の例では，下の図のようになります。

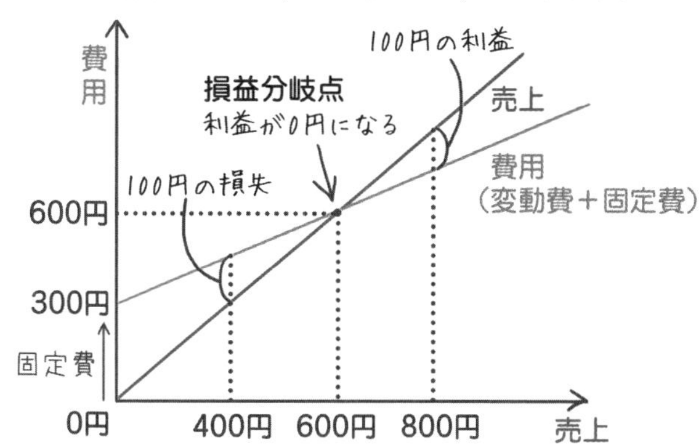

暗記　損益分岐点

損益分岐点＝利益が0円になる。
利益＝売上－変動費－固定費

03 会計に関する用語

自己資本利益率（ROE）を計算できるようになる。

試験に出る可能性のある，会計において重要な用語を学びましょう。

決算

企業では，商品を売ったり買ったり給料を支払ったり…取引があるたびに，その取引を記録していきます。１年の終わりに，取引の記録を集計して財務諸表を作成する手続きを決算といいます。

変動費率

変動費率は次の式で計算します。変動費率が小さいほど効率よく利益を出すことができ，**効率性・収益性**の高い企業といえます。

変動費率＝変動費÷売上高×100

たとえば100円の商品を売るのに変動費が10円の場合（変動費率10%）と50円の場合（変動費率50%）では，同じ数だけ商品を売ったとき，変動費率10%の方が利益をたくさん出すことができます。

商品を1個売ったとき

効率性が高い

変動費率10%	100円×1個－変動費10円×1個＝利益90円
変動費率50%	100円×1個－変動費50円×1個＝利益50円

投資利益率（ROI）

投資利益率は次の式で計算します。投資利益率が大きいほど投資額に対して利益が大きくなるので，**収益性**の高い企業といえます。

コンビニエンスストアやファミリーレストランでは，投資利益率（ROI）の予想値を新規出店の目安にすることもあります。また，他の企業を買収するなどM&Aをおこなうさい，買収価格を決定するための指標にもなります。

投資利益率＝利益÷投資額×100

流動比率

流動比率は次の式で計算します。流動資産は1年以内に現金化される資産，流動負債は1年以内に現金を支払わなければいけない負債です。そのため，流動比率が大きいほど短期的な支払い能力が高く，**安全性**の高い企業といえます。

流動比率＝流動資産÷流動負債×100

流動比率よりさらに短期的な支払い能力を表す指標として当座比率があります。当座資産とは流動資産のうち現金預金・売掛金・受取手形を指しており，数か月内に確実に現金化される資産です。

当座比率＝当座資産÷流動負債×100

固定比率

固定比率は次の式で計算します。固定資産は，企業の所有している建物や機械などビジネスをおこなうにあたって必要な長期間保有する資産です。自己資本は貸借対照表（P.66）では純資産ともいい，他社からの借入れを含まない企業独自の資金です。そのため，固定比率が小さいほど，固定資産を他社に頼らず自己資本でまかなっているかを示します。固定比率が大きくなると，借金に頼って固定資産を買っていることになり要注意です。

固定比率＝固定資産÷自己資本×100

自己資本比率

貸借対照表（P.66）において，**自己資本の総資産**（自己資本＋他人資本）に対する割合を自己資本比率といいます。自己資本とは企業の所有者である株主が出資している金額で，株主資本や資本金として表示されることもあります。他人資本とは借入や買掛金など，他の企業から借り入れている金額です。

他人資本は返済しなければいけませんが，自己資本は返済する必要がありません。自己資本比率は企業全体の出資された金額のうち，返済する必要がない自己資本の割合を示しますので，自己資本比率が高ければ安定した経営をしているということができます。

総資産＝自己資本＋他人資本
自己資本比率＝自己資本÷総資産×100

貸借対照表

資産		負債		
現金	100	買掛金	20	他人資本 60
建物	200	借入金	40	
売掛金	50	**純資産**		
		資本金	290	→ 自己資本 290

この貸借対照表においては，次の計算をすると，自己資本比率が約82%となります。

自己資本290＋他人資本60＝総資産350

自己資本290÷総資産350×100＝82.85…

自己資本利益率（ROE）

自己資本の何％の利益が稼げたのか，企業の業績を表す指標を自己資本利益率（ROE（アールオーイー））といいます。

自己資本利益率＝当期純利益÷株主資本×100
（ROE）

財務会計と管理会計

会計は，公表する相手によって「財務会計」と「管理会計」の２つに分かれます。

財務会計：投資家など**企業外部**の人へ向けて公表する。
企業の業績などを**説明する**目的

管理会計：社長や社員など**企業内部**の人へ向けて公表する。
もっと業績を良くするためにはどうするかなどを**話し合う**目的

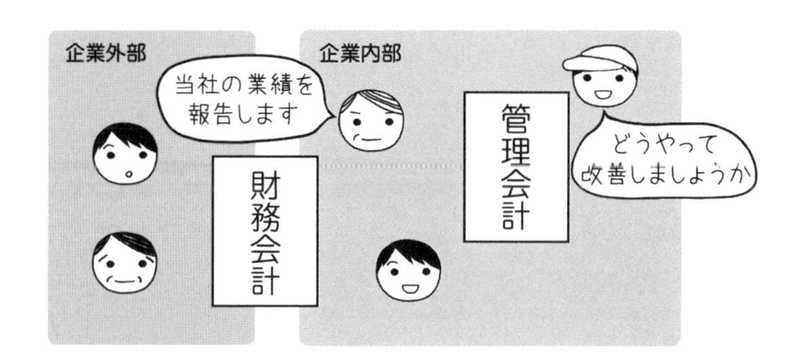

株式公開

株式公開とは，未上場の自社の株式を証券市場に上場させ，流通させることです。

株式公開をおこなうためには，証券市場の審査が必要となり，企業の収益性や財務体制，管理体制を整備する必要があります。

株式公開をおこなうと銀行などの金融機関の信用が上がること，知名度が向上すること，社員のモチベーションが上がるなどのメリットがあります。

Chapter04-02〜03

過去問演習

損益計算書

Q 1　次の損益計算書から求められる経常利益は何百万円か。

単位　百万円

項目	金額
売上高	2,000
売上原価	1,500
販売費及び一般管理費	300
営業外収益	30
営業外費用	20
特別利益	15
特別損失	25
法人税，住民税及び事業税	80

ア　120　　イ　190　　ウ　200　　エ　210

解説　利益も記載した損益計算書は次のとおりである。

単位　百万円

項目	金額	
売上高	2,000	
売上原価	1,500	
売上総利益	500	2,000 − 1,500
販売費及び一般管理費	300	
営業利益	200	500 − 300
営業外収益	30	
営業外費用	20	
経常利益	**210**	200 + 30 − 20
特別利益	15	
特別損失	25	
税引前当期純利益	200	210 + 15 − 25
法人税，住民税及び事業税	80	
当期純利益	120	200 − 80

正解　エ　　(2016年春期 問20)

損益分岐点

Q 2　インターネット上で通信販売を行っているA社は，販売促進策として他社が発行するメールマガジンに自社商品Yの広告を出すことにした。広告は，メールマガジンの購読者が広告中のURLをクリックすると，その商品ページが表示される仕組みになっている。この販売促進策の前提を表のとおりとしたとき，この販売促進策での収支がマイナスとならないようにするためには，商品Yの販売価格は少なくとも何円以上である必要があるか。ここで，購入者による商品Yの購入は1人1個に限定されるものとする。また，他のコストは考えないものとする。

①	メールマガジンの購読者数	100,000人
②	①のうち，広告中のURLをクリックする割合	2％
③	②のうち，商品Yを購入する割合	10％
④	商品Yの1個当たりの原価	1,000円
⑤	販売促進策に掛かる費用の総額	200,000円

ア　1,020　イ　1,100　ウ　1,500　エ　2,000

解説　収支が0になるときの，商品Yの販売価格を■円とすると，次の関係式が成り立つ。

商品Yが購入される数　100,000人×2％×10％＝200個

200個×■円－200個×1,000円－200,000円＝0

200個×■円＝200個×1,000円＋200,000

■円＝400,000÷200個＝2,000円

正解　エ　(2020年秋期 問33)

自己資本比率

Q 3　貸借対照表から求められる，自己資本比率は何%か。

単位　百万円

資産の部		負債の部	
流動資産合計	100	流動負債合計	160
固定資産合計	500	固定負債合計	200
		純資産の部	
		株主資本	240

ア　40　　イ　80　　ウ　125　　エ　150

解説　次の式で計算すると，自己資本比率40%となる。
自己資本240＋他人資本（160＋200）＝総資産600
自己資本240÷総資産600×100＝40
正解　ア　　（2018年春期 問11）

収益性

Q 4　企業の収益性を測る指標の一つであるROEの“E”が表すものはどれか。

ア　Earnings（所得）　　イ　Employee（従業員）
ウ　Enterprise（企業）　　エ　Equity（自己資本）

解説　ROEは自己資本利益率を意味し，Return On Equityの略なのでエが正解。
正解　エ　　（2020年秋期 問30）

04　計算問題

期待値と在庫の計算ができるようになる。

簡単な計算問題が出題されることがあるので，計算方法をイメージできるようにしておきましょう。

期待値の計算

期待値（きたいち）とは，その事象が起きた場合に発生するであろう，**予想の数字**のことをいいます。

たとえば明日1,000円のお小遣いをもらえる確率が100%だったら期待値は「1,000円」です。一方，明日1,000円のお小遣いをもらえる確率が90%だったら期待値は「900円」です。

暗記　期待値の計算

期待値 ＝ 発生確率 × 予想される金額

練習問題

スーパーマーケット業界は今後拡大する確率が30%，現状維持の確率が20%，縮小する確率が50%である。

ある企業がスーパーマーケットを出店すると，業界が拡大した場合70億円の利益，現状維持の場合50億円の利益，縮小した場合20億円の利益を得ることができる。この企業がスーパーマーケットを出店することによる期待値は何億円か。

答え

30% × 70億円	＋	20% × 50億円	＋	50% × 20億円	＝	41億円
拡大の場合の期待値		現状維持の場合の期待値		縮小の場合の期待値		全体の期待値

在庫の計算

在庫は，たくさん持ちすぎると劣化したり倉庫料負担が大きくなったりします。一方，少なすぎると顧客からの注文にこたえられず販売機会を逃します。

そこで，企業は適正な在庫量を認識しておくことや，現在どれくらいの在庫があるのか把握することが必要になります。

練習問題

ある企業が12月末に持っているノートの在庫は500冊である。

ノートは仕入先へ発注すると３日後に入荷する。

ノートは顧客から受注すると１日後に出荷する。

１月10日　顧客よりノートを30冊受注した。

１月12日　仕入先へノートを150冊発注した。

１月16日　顧客よりノートを200冊受注した。

１月31日時点の在庫量は何冊か。

答え

在庫の問題は，問題文の指示にしたがい，状況を整理するとよい。

１月１日　500冊

１月11日　500冊－30冊＝470冊（１月10日受注分）

１月15日　470冊＋150冊＝620冊（１月12日発注分）

１月17日　620冊－200冊＝420冊（１月16日受注分）

よって１月31日時点の在庫は420冊

ワンポイント　企業の取引で使われる言葉

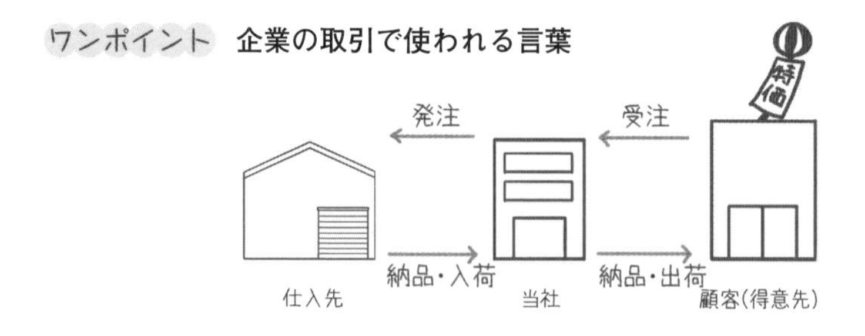

Chapter04-04

過去問演習

期待値

Q 1　ある市場が今後，拡大，現状維持，縮小する場合の商品A，B，Cの販売利益が表のとおり見込まれており，拡大，現状維持，縮小する確率がそれぞれ0.2，0.5，0.3であるとき，どの商品を販売すると予想利益が最高となるか。ここで商品の予想利益は販売利益の期待値から開発コストを差し引いたものとし，各商品A，B，Cの開発コストは，それぞれ20億円，10億円，15億円とする。

単位：億円

商品	拡大	現状維持	縮小
A	60	50	40
B	80	40	20
C	100	40	0

ア　A　　イ　B　　ウ　C　　エ　A，B，Cどれでも同じ

解説　期待値は，それぞれの「**発生確率×予想される金額**」を合計した金額である。今回は，販売利益の期待値から開発コストを差し引く，という指示に従う。

A　0.2×60＋0.5×50＋0.3×40－20
→12＋25＋12－20＝29

B　0.2×80＋0.5×40＋0.3×20－10
→16＋20＋6－10＝32

C　0.2×100＋0.5×40＋0.3×0－15
→20＋20＋0－15＝25

以上より，Bが一番大きいので，イが正解。

正解　イ　　(2010年春期 問11)

在庫の引当可能数

Q 2　ある販売会社が扱っている商品の，4月末の実在庫数が100個であり，5月10日までの受発注取引は表のとおりである。商品は発注日の5日後に入荷するものとし，販売会社と商品発注先の休日，及び前月以前の受発注取引を考えない場合，5月10日時点の引当可能在庫数は何個か。ここで，引当可能在庫数とは，その時点の在庫のうち引当可能な数量とする。

取引日	商品の受注	商品の発注
5月2日	40個	−
5月3日	−	50個
5月6日	20個	−
5月7日	−	50個
5月9日	30個	−

ア　60　　イ　90　　ウ　110　　エ　140

解説　在庫の問題は，問題文の指示を読み，メモを取りながら，正確に計算する。

〈在庫の数の推移〉

5月2日　100個−40個＝60個
5月3日　60個
5月6日　60個−20個＝40個
5月7日　40個
5月8日　40個＋50個（5月3日に発注した分）＝90個
5月9日　90個−30個＝60個
5月10日　60個　→　アが正解。

正解　ア　（2011年春期 問10）

05　投資の意思決定

投資の回収期間の計算ができるようになる。

設備投資をするかどうかの意思決定について問われることがあるので，出題の形式を見ておきましょう。

投資の意思決定　

企業の経営者が，新規事業などへ投資するか判断するとき，その投資額が何年で回収できるかを判断基準にすることがあります。

暗記　投資の意思決定

投資の回収期間＝初期投資額 ÷（投資によって得られる毎年の利益－毎年の費用）

練習問題

新規システムの開発に当たって，初期投資額は2,400万円，稼働後の効果額は100万円／月，システム運用費は20万円／月，年間のシステム保守費は初期投資額の15%のとき，投資額を回収するための回収期間は何年か。ここで，金利コストなどは考慮しないものとする。

答え

①初期投資額　2,400万円

②毎年の費用　システム運用費　20万円×12か月＝240万円
　　　　　　　システム保守費　2,400万円×15％＝360万円
　　　　　　　合計　240万円＋360万円＝600万円

③毎年の利益　100万円×12か月＝1,200万円

④投資の回収期間　①2,400÷（③1,200－②600）＝４年

以上より，投資の回収期間は４年である。

Chapter05

法　律

01 知的財産権

①知的財産権の種類を覚える。
②それぞれがどのような権利なのかを理解する。

知的財産権

知的財産権（ちてきざいさんけん）とは，技術やマークなどの**無形の財産**のことです。

著作権（ちょさくけん）がもっとも出題され，次に特許権（とっきょけん）が出題されます。著作権は，出版関係，美術関係はもちろん，コンピュータプログラムも保護対象となります。

知的創造物の権利

特許権※
・特許法
・発明を保護している
・出願から20年有効（一部25年）

実用新案権※
・実用新案法
・商品の形状の考案を保護している
・出願から10年有効

意匠権※
・意匠法
・商品のデザインを保護している
・出願から20年有効

著作権
・著作権法
・文芸，学術，美術，音楽，プログラムを保護している
・創作時から死後50年まで有効
・法人は公表後50年有効
・映画は公表後70年有効

営業秘密
・不正競争防止法
・ノウハウ，顧客リストなどの不正競争行為を防止している

営業標識の権利

商標権※
・商標法
・商品，サービスに使うマークを保護している
・登録から10年有効（更新あり）

商号
・会社法
・商号を保護している

※…産業財産権という。

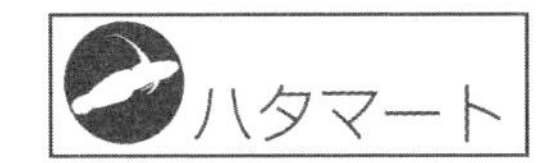

暗記　産業財産権

産業財産権…特許権，実用新案権，意匠権（いしょうけん），商標権（しょうひょうけん）

不正競争防止法

不正競争防止法とは，企業どうしの公正な競争を維持するために定められた法律です。

不正競争防止法で禁止されている主なもの

① 営業秘密や営業上のノウハウの盗用等の不正行為を禁止

② 他人の商品の形態（模様も含む）をデッドコピーした商品の取引禁止

③ 周知の他人の商品・営業表示と著しく類似する名称，ロゴマーク等の使用を禁止。また，他人の著名表示を無断で利用することを禁止

④ コピー・プロテクション迂回装置の提供等を禁止

補足 **営業秘密に当たるかどうかの3つの要件**

1 秘密に価値があること

（製造技術上のノウハウ，顧客リスト，販売マニュアル等の有用な情報）

2 秘密として管理されていること

3 公表されていないこと

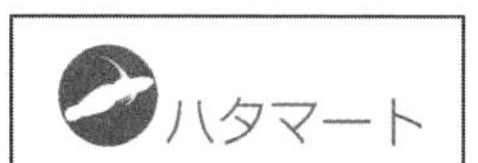

似てる気がする…

ソフトウェアライセンス

ソフトウェアライセンスとは，ソフトウェアの権利者が，他者へ与える利用許諾のことです。２社間で結ばれる**使用許諾契約**だけでなく，近年では次のような利用許諾も使われています。

オープンソースソフトウェア，フリーソフトウェア

ソフトウェアのソースコードを誰でも無料で使用，拡張，再配布できる。代表的なオープンソースソフトウェアにプログラム言語のJavaやPythonなどがあり，プログラム言語を扱う企業や個人には，なくてはならないものとなっている。

パブリックドメインソフトウェア

ソフトウェアの著作者が，著作権を放棄して配布されるソフトウェア。誰でも使用，複製，再配布ができる。

サブスクリプション

買い切りではなく，一定期間ソフトウェアを利用する権利として料金を支払うこと。代表的な例としてはMicrosoft Officeもサブスクリプションで利用でき，購入時に入手したパスワードを入力することでWordやExcelなどをインストールできる。

アクティベーション

ソフトウェアをインストールした後，正規のライセンスを保持しているか認証すること。Microsoft Officeをサブスクリプションで購入した場合，購入時に入手したパスワードを入力して認証することをアクティベーションという。

02 セキュリティ関連

何が法律で禁止されているのかを理解する。

不正アクセス禁止法

不正アクセス禁止法とは，ID・パスワードの不正な使用，そのほかの攻撃手法によってアクセス権限のないコンピュータへのアクセスを行うことを禁止した法律です。セキュリティ上の弱点を攻撃することも禁止しています。

暗記　不正アクセス禁止法の対象

①IDやパスワードを勝手に使用・公開した
②セキュリティの弱点を攻撃した

サイバーセキュリティ

コンピュータシステムに対しデータの窃盗，改ざんを行うことをサイバー攻撃といいます。企業がサイバー攻撃の被害を防ぐために対策を取ることをサイバーセキュリティといいます。

日本では2015年にサイバーセキュリティ基本法が施行されたほか，経済産業省がサイバーセキュリティ経営ガイドラインを公開しています。

Chapter05-01～02

過去問演習

産業財産権

Q 1　知的財産権のうち，全てが産業財産権に該当するものの組合せはどれか。

ア　意匠権，実用新案権，著作権

イ　意匠権，実用新案権，特許権

ウ　意匠権，著作権，特許権

エ　実用新案権，著作権，特許権

解説　産業財産権は，特許権，実用新案権，意匠権，商標権の４つである。著作権は含まれていない。

正解　イ　（2016年春期 問23）

特許法の保護の対象

Q 2　新製品の開発に当たって生み出される様々な成果a～cのうち，特許法による保護の対象となり得るものだけを全て挙げたものはどれか。

a　機能を実現するために考え出された独創的な発明

b　新製品の形状，模様，色彩など，斬新的な発想で創作されたデザイン

c　新製品発表に向けて考え出された新製品のブランド名

ア　a　　イ　a，b　　ウ　a，b，c　　エ　a，c

解説　特許法は「機能を実現するために考え出された独創的な発明」を保護しているのでａは保護の対象。ｂは意匠法，ｃは商標法で保護されており，特許法の保護の対象ではない。

正解　ア　（2020年秋期 問16）

著作権

Q 3　著作物の使用事例のうち，著作権を侵害するおそれのある行為はどれか。

ア　音楽番組を家庭でDVDに録画し，録画者本人とその家族の範囲内で使用した。

イ　海外のWebサイトに公表された他人の闘病日記を著作者に断りなく翻訳し，自分のWebサイトに公開した。

ウ　行政機関が作成し，公開している，自治体の人口に関する報告書を当該機関に断りなく引用し，公立高校の入学試験の問題を作成した。

エ　専門誌に掲載された研究論文から数行の文を引用し，その引用箇所と出所を明示して論文を作成した。

解説　他人の著作物を著作者に断りなく翻訳し公開する行為は，著作権の侵害となる。

正解　イ　（2018年春期 問10）

著作権侵害

Q 4　コンピュータプログラムの開発や作成に関する行為のうち，著作権侵害となるものはどれか。

ア　インターネットからダウンロードしたHTMLのソースを流用して，別のWebページを作成した。

イ　インターネットの掲示板で議論されていたアイディアを基にプログラムを作成した。

ウ　学生のころに自分が作成したプログラムを使い，会社業務の作業効率を向上させるためのプログラムを作成した。

エ　購入した書籍に掲載されていた流れ図を基にプログラムを作成した。

解説　著作権の侵害は「他人が作ったものを勝手に利用・変更した」場合。アが正解。ただし，プログラムを作成するときに使うプログラミング言語やアイデアなどは，保護対象から除外されている。

イ　プログラムを作成するときに使うアイデアは保護の対象外。

ウ　自分で作成したものなので，著作権の侵害とならない。

エ　プログラムを作成するときに使う流れ図は保護の対象外。

正解　ア　（2011年春期 問1）

ビジネスモデルの保護

Q 5　インターネットを利用した新たなビジネスモデルを保護する法律はどれか。

ア　意匠法　　イ　商標法　　ウ　著作権法　　エ　特許法

解説　特許法は，機能を実現するために考え出された独創的な発明について保護するものである。インターネットを利用した新しいビジネスモデルに関しては，ビジネスモデル特許を取得できる。エが正解。他の選択肢の権利は，保護の対象が違うため不適切である。

ア　意匠法は，新製品の形状，模様，色彩など，斬新な発想で創作されたデザインを保護する。

イ　商標法は，商標を使用する者の業務上の信用を維持し，需要者の利益を保護する。

ウ　著作権法は，文芸，学術，美術，音楽，プログラムなどの著作物を，著作者が独占的に扱う権利を保護する。

正解　エ　（2013年春期 問11）

意匠法

Q 6　ソフトウェア製品において，意匠法による保護の対象となるものはどれか。

ア　ソフトウェア製品によって実現されたアイディア

イ　ソフトウェア製品の商品名

ウ　ソフトウェア製品の操作マニュアルの記載内容

エ　ソフトウェア製品を収納するパッケージのデザイン

解説　意匠法の特徴は，製品のデザインが対象であること。エが正解とわかる。

ア　特許法による保護の対象。

イ　商標法による保護の対象。

ウ　著作権法による保護の対象。

正解　エ　（2013年秋期 問23）

不正競争防止法

Q 7　営業秘密の要件に関する記述a〜dのうち，不正競争防止法に照らして適切なものだけを全て挙げたものはどれか。

a　公然と知られていないこと

b　利用したいときに利用できること

c　事業活動に有用であること

d　秘密として管理されていること

ア　a，b　　イ　a，c，d　　ウ　b，c，d　　エ　c，d

解説　営業秘密に当たるかどうかの３つの要件は，①秘密に価値があること，②秘密として管理されていること，③公表されていないこと。したがって「d 秘密として管理されていること」は当てはまる。秘密に価値があることと同じ意味で「c 事業活動に有用であること」も当てはまる。営業秘密なので前提として「a 公然と知られていないこと」も適切。

正解　イ　　(2018年春期 問24)

サイバーセキュリティ基本法

Q 8　サイバーセキュリティ基本法は，サイバーセキュリティに関する施策に関し，基本理念を含め，国や地方公共団体の責務などを定めた法律である。記述a〜dのうち，この法律が国の基本的施策として定めているものだけを全て挙げたものはどれか。

a　国の行政機関等におけるサイバーセキュリティの確保

b　サイバーセキュリティ関連産業の振興及び国際競争力の強化

c　サイバーセキュリティ関連犯罪の取締り及び被害の拡大の防止

d　サイバーセキュリティに係る人材の確保

ア　a　　イ　a，b　　ウ　a，b，c　　エ　a，b，c，d

解説　サイバーセキュリティ基本法では，情報の自由な流通を確保しつつ，サイバーセキュリティの確保を図るため，a〜dの内容が定められている。

正解　エ　　(2020年秋期 問25)

不正アクセス禁止法

Q 9　情報の取扱いに関する不適切な行為a～cのうち，不正アクセス禁止法で定められている禁止行為に該当するものだけを全て挙げたものはどれか。

a　オフィス内で拾った手帳に記載されていた他人のネットワークIDとパスワードを無断で使い，ネットワークを介して自社のサーバにログインし，サーバに格納されていた人事評価情報を閲覧した。

b　自分には閲覧権限のない人事評価情報を盗み見するために，他人のネットワークIDとパスワードを無断で入手し，自分の手帳に記録した。

c　部門の保管庫に保管されていた人事評価情報が入ったUSBメモリを上司に無断で持ち出し，自分のPCに直接接続してその人事評価情報をコピーした。

ア　a　　イ　a，b　　ウ　a，b，c　　エ　b，c

解説　不正アクセス禁止法では「ID・パスワードの不正な使用」「アクセス権限のないコンピュータへのアクセス」を禁止している。a，bは禁止行為に該当するが，cは禁止事項に該当しない。

正解　イ　　（2020年秋期 問13）

実用新案権

Q10　実用新案権の保護対象として，適切なものはどれか。

ア　圧縮比率を大きくしても高い復元性を得られる工夫をした画像処理プログラム

イ　インターネットを利用し，顧客の多様な要望に対応できるビジネスモデル

ウ　岩石に含まれているレアメタルを無駄なく抽出して，資源を有効活用する方法

エ　電気スタンドと時計を組み合わせて夜間でも容易に時刻を確かめられる機器

解説　実用新案権は，商品の形状の考案を保護しているのでエが正解。

正解　エ　　（2019年春期 問20）

03 労務関連

①派遣契約と請負契約の違いが大切。
②法律の内容を理解する。

システムを必要とする企業は，自社でシステムを開発・運用することもありますが，システム開発・運用を専門とする企業へ委託することも多くあります。

労働契約法

労働契約法は，労働者と使用者の間で労働契約が合意により成立すること，また労働契約に関する基本的事項が定められています。

労働基準法

労働基準法は，労働条件について最低限の基準を定めたものです。最低賃金，残業賃金，労働時間などについて定められています。

企業は独自に就業規則を定めますが，まずは労働基準法が優先されます。

フレックスタイム制

フレックスタイム制とは，１日８時間勤務といった総労働時間は定められているものの，労働者が始業と終業の時刻を自由に決める制度です。

裁量労働制

裁量労働制とは，労働者が実際に労働した時間にかかわらず，あらかじめ定めた時間を労働したとみなす制度です。手段や時間配分を労働者にゆだねる必要がある業務で採用されることが多いです。

労働者派遣法

労働者派遣法の契約について説明します。

ポイント

派遣元会社の社員は派遣先の指示にしたがうのが，「派遣」です。

請負契約

民法の請負契約（うけおいけいやく）について説明します。委託された会社（請負会社）が発注された製品を期限までに納品することを決めた契約です。発注した会社（請負元）と請負会社（請負先）の間に指揮監督関係がない点がポイントです。

ポイント

請負会社の社員は請負会社の指示にしたがうのが，「請負」です。

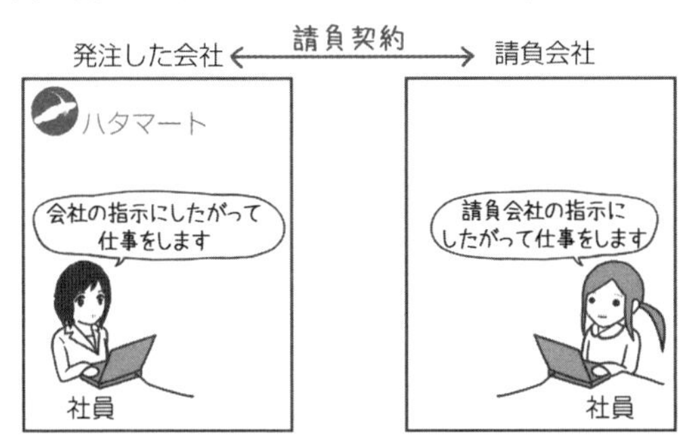

委任契約

委任契約とは，当事者の一方が業務を相手方に委託し，相手方がこれを承諾することで，その効力を生じる契約です。

雇用契約

雇用契約とは，従業員が労働力を提供し，雇用主が従業員に対して報酬を支払うことを合意する契約です。

下請法（下請代金支払遅延等防止法）

下請法（したうけほう）は，下請代金の支払い遅延や減額など，下請事業者に対する親事業者の不当な取り扱いを規制しています。

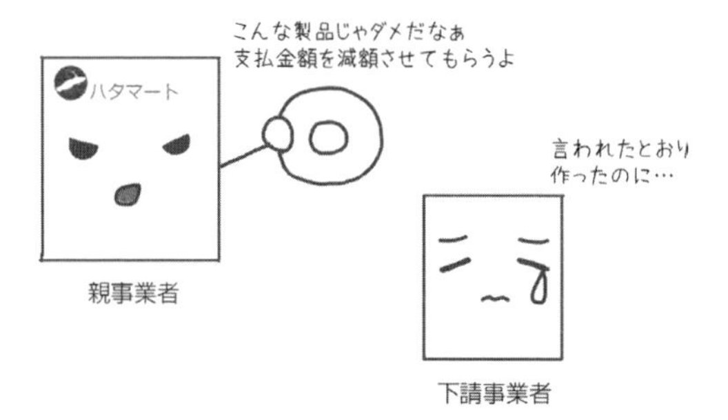

Chapter05-03

過去問演習

労働者派遣

Q 1　労働者派遣は，通常の派遣と，将来の雇用を想定した紹介予定派遣の二つに分けられる。前者の労働者派遣の契約に当たり，派遣先が派遣元に要求する派遣労働者の受入条件として，適切なものはどれか。

ア　候補者が備えるべきスキルの指定

イ　候補者の年齢及び性別の指定

ウ　候補者の派遣先による事前面談

エ　候補者の履歴書の派遣先への事前提出

解説　労働者派遣は，**派遣労働者**が**派遣元**に登録し，派遣元が**派遣先**へ労働者を派遣する仕組み。受入条件としてア「**候補者が備えるべきスキルの指定**」はできるが，年齢・性別の指定や履歴書の要求は認められない。また，派遣先が派遣労働者に対して事前面接することは禁止されている。

正解　ア　(2020年秋期 問20)

労働者派遣法

Q 2　労働者派遣法に基づき，A社がY氏をB社へ派遣することとなった。このときに成立する関係として，適切なものはどれか。

ア　A社とB社の間の委託関係

イ　A社とY氏との間の労働者派遣契約関係

ウ　B社とY氏との間の雇用関係

エ　B社とY氏との間の指揮命令関係

解説　派遣元会社（A社）の社員は派遣先会社（B社）の指示にしたがうことになるので，B社とY氏との間の**指揮命令関係**としたエが正解。なお，A社とB社の間に派遣契約が成立する。

正解　エ　(2019年秋期 問1)

04 その他の法律

試験によく出る**用語**です。

ITパスポート試験で出題される可能性のある重要な法律について学びます。

PL法（製造物責任法）

製造物の欠陥（けっかん）により損害が生じた場合，製造業者などに損害賠償（そんがいばいしょう）を請求できます。PL法の保護の対象は消費者です。

特定商品取引法（特定取引に関する法律）

特定商品取引法とは，訪問販売や通信販売などのトラブルが生じやすい取引において，消費者を保護するために，事業者が守るべきルールを定めた法律です。

NDA（秘密保守契約）

NDA（Non Disclosure Agreement）とは，新しい製品を開発する場合などに，取引先が外部に情報を流出させないように事前に契約をおこなうこと。Apple社が新しいiPhoneを発表する場合，取引先とNDAを結んでいます。

個人情報保護法

個人情報保護法とは，個人情報取扱事業者が個人情報を適切に取り扱うことで，**個人の権利利益を保護**することを目的とした法律です。

個人情報とは，**生存する個人**に関する情報であって，**氏名，生年月日等により特定の個人を識別できる**情報を指します。

個人情報取扱事業者が個人データを**第三者に提供する場合**には，身体，財産の保護のために必要がある場合等を除き，**本人の同意**が必要となります。

2018年5月14日

株式会社ハタマート
代表取締役　佐藤秀夫

小林恵美

個人情報取扱同意書

以下の事項に同意します。

記

1、収集した個人情報は商品の発送以外の目的で使用しません。
2、収集した個人情報は第三者へ提供しません。
3、開示の請求にはすみやかに対応します。

以上

マイナンバー法

マイナンバーとは国民一人ひとりが持つ12桁の番号のことで，税金や年金などの管理のために使用されています。マイナンバーについては，行政手続における特定の個人を識別するための番号の利用等に関する法律（マイナンバー法）で定められています。

マイナンバーは現在，**社会保障，税，災害対策**のためだけに使用できることが定められており，たとえば組織内で従業員の管理のために使うことはできません。一方，従業員から提供を受けたマイナンバーを税務署に提出する調書に記載するなど，必要に応じて書面に記載することもあります。また，従業員からマイナンバーの提供を受けるときには，その番号が本人のものであることを確認する必要があります。

リサイクル法

リサイクル法とは，使用済みパソコンの回収と再資源化に関する法律です。パソコンメーカや家電量販店でパソコンの回収がなされます。

プロバイダ責任制限法

インターネット上でプライバシの侵害や著作権の侵害があった場合に，プロバイダが負う損害賠償責任の範囲や情報の発信者に関する情報の開示を請求する権利を定めた法律です。

たとえばインターネット掲示板に投稿された情報が自身のプライバシを侵害したと判断し，掲示板の運営会社に投稿者の情報開示を請求した場合，掲示板の運営会社は情報を開示するかどうか投稿者に意見を聴くことになります。

公益通報者保護法

公益通報者保護法とは，簡単にいうと企業における**内部告発**を保護する法律です。この法律により，公益通報つまり内部告発をした従業員に対して，公益通報を理由とする解雇は無効になり，その他不利益な取扱いは禁止されています。

資金決済法

資金決済に関する法律（資金決済法）は，資金決済システムの安全性，効率性及び利便性の向上を目的に，サーバ型前払式支払手段の規制対象化等について定めています。

金融商品取引法

金融商品取引法とは，金融商品の発行や取引が公正に行われ，投資者を保護することを目的として，企業内容の開示制度などについて定められた法律です。

Chapter05-04

過去問演習

個人情報保護法

Q 1　個人情報に該当しないものはどれか。

ア　50音別電話帳に記載されている氏名，住所，電話番号

イ　自社の従業員の氏名，住所が記載された住所録

ウ　社員コードだけで構成され，他の情報と容易に照合できない社員リスト

エ　防犯カメラに記録された，個人が識別できる映像

解説　個人情報とは，①氏名・生年月日などにより②特定の個人を識別できるもの。ウは「他の情報（氏名　生年月日など）と容易に照合できない」ため，個人情報に該当しない。

ア　氏名，住所，電話番号から個人が特定できるため，個人情報に該当する。

イ　氏名，住所から個人が特定できるので，個人情報に該当する。

エ　個人が識別できるため，個人情報に該当する。

正解　ウ　（2013年秋期 問4）

マイナンバー

Q 2　企業におけるマイナンバーの取扱いに関する行為a～cのうち，マイナンバー法に照らして適切なものだけを全て挙げたものはどれか。

a　従業員から提供を受けたマイナンバーを人事評価情報の管理番号として利用する。

b　従業員から提供を受けたマイナンバーを税務署に提出する調書に記載する。

c　従業員からマイナンバーの提供を受けるときに，その番号が本人のものであることを確認する。

ア　a，b　　イ　a，b，c　　ウ　b　　エ　b，c

解説　マイナンバーは現在，社会保障，税，災害対策のためだけに使用できることが定められており，組織内の人事評価情報の管理番号として利用することはできない。したがってaは適切ではない。bとcは適切な内容なのでエが正解。

正解　エ　（2018年春期 問8）

NDA

Q 3　NDA（Non Disclosure Agreement）の事例はどれか。

ア　ITサービスを提供する前に，サービスの提供者と顧客の間で提供されるサービス内容について契約で定めた。

イ　コンピュータ設備の売主が財産権を移転する義務を負い，買主がその代金を支払う義務を負うことについて契約で定めた。

ウ　システム開発などに際して，委託者と受託者間でお互いに知り得た相手の秘密情報の守秘義務について契約で定めた。

エ　汎用パッケージ導入の委託を受けた者が自己の裁量と責任によって仕事を行い，仕事の完了をもって報酬を受けることについて契約で定めた。

解説　NDAのポイントは，取引先が外部に情報を流出させないように契約を結ぶこと。NDAの事例としてはウが正解。

ア　SLA（Service Level Agreement）の事例。

イ　売買契約の事例。

エ　請負契約の事例。

正解　ウ　（2015年春期 問７）

プロバイダ責任制限法

Q 4　A氏は，インターネット掲示板に投稿された情報が自身のプライバシを侵害したと判断したので，プロバイダ責任制限法に基づき，その掲示板を運営するX社に対して，投稿者であるB氏の発信者情報の開示を請求した。このとき，X社がプロバイダ責任制限法に基づいて行う対応として，適切なものはどれか。ここで，X社はA氏，B氏双方と連絡が取れるものとする。

ア　A氏，B氏を交えた話合いの場を設けた上で開示しなければならない。

イ　A氏との間で秘密保持契約を締結して開示しなければならない。

ウ　開示するかどうか，B氏に意見を聴かなければならない。

エ　無条件で直ちにA氏に開示しなければならない。

解説　プロバイダ責任制限法では，インターネット掲示板に投稿された情報が自身のプライバシを侵害したと判断し，掲示板の運営会社に投稿者の情報開示を請求した場合，掲示板の運営会社は情報を開示するかどうか投稿者に意見を聴くことになる。

正解　ウ　（2018年春期 問9）

公益通報者保護法

Q5　要件a～cのうち，公益通報者保護法によって通報者が保護されるための条件として，適切なものだけを全て挙げたものはどれか。

a　書面による通報であることが条件であり，口頭による通報は条件にならない。

b　既に発生した事実であることが条件であり，将来的に発生し得ることは条件にならない。

c　通報内容が勤務先に関わるものであることが条件であり，私的なものは条件にならない。

ア　a，b　　イ　a，b，c　　ウ　a，c　　エ　c

解説　公益通報者保護法で定められている，通報者が保護されるための条件は次の通りなので，エが正解。

a　書面でも口頭でも認められるのでaは不適切。

b　将来的に発生し得ることも対象なのでbは不適切。

c　私的なものは条件にならないのでcは適切。

正解　エ　（2017年秋期 問33）

Chapter06

経営とシステム

01　EC（電子商取引）

①EC（電子商取引）の内容を理解する。
②ECの取引形態の種類を覚える。

EC（電子商取引）は，Amazonや楽天などの大手から小さな雑貨屋まで広く活用されています。EC事業は経営に重要な影響を与えるITツールです。

ch.06 経営とシステム

■EC（電子商取引）

EC（Electronic Commerce）とは，インターネットなどを活用して，ビジネス取引をおこなうことです。

特徴

- **実際の店舗が必要ない**ため，店舗の賃借料のコストが抑えられる。
- 電話やFAXを利用した通信販売と比べて，人件費などの**コストが抑えられる**。
- 電話やFAXを利用した通信販売と比べて，**効率的に**取引が完了できる。
- **離れていても**，すぐに取引が完了できる。

ECの取引成立

インターネット上での通信販売の場合，注文者に**受注承諾通知が到達したとき**に取引契約が成立する（電子消費者契約法）。一方，通常の取引では，離れた消費者に対しては承諾通知を発したときに取引契約が成立する（民法）。

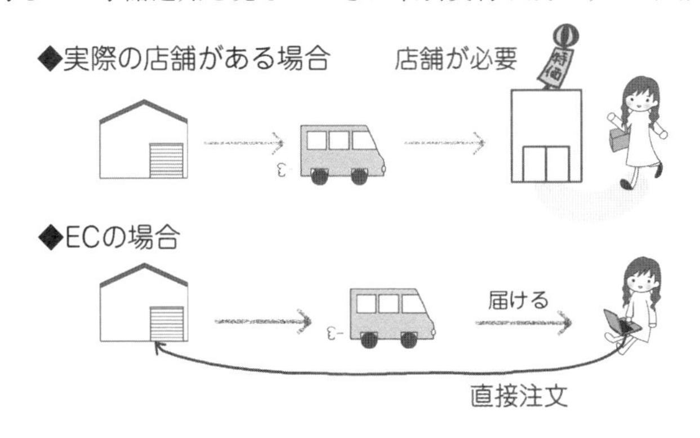

ECの取引形態

ECでは，「誰と誰が取引するのか」で取引のよび名が決まっています。

B to B

企業と企業の取引

▶**例**　オフィス用品，パソコンなど

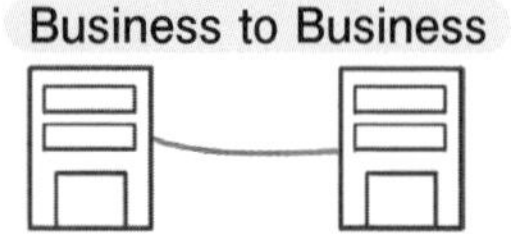

B to C

企業と消費者の取引

▶**例**　オンラインショップ，Amazon，楽天 など

B to E

企業と従業員の取引

▶**例**　社員販売，福利厚生の一環

C to C

消費者と消費者の取引

▶**例**　インターネットオークションなど

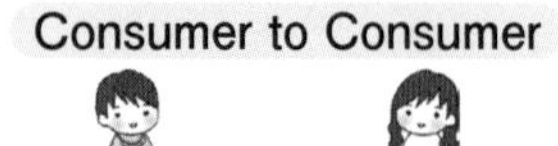

G to C

政府と個人の取引

▶**例**　行政サービス

O to O　Online to Offline

インターネット上のつながりをきっかけに，リアルの世界で消費したり出会ったりという体験が生み出されることを指している。

最近はO to Oがよく出題されているよ。

EDI

企業同士でECをおこなうには，同じ様式の書式に統一する必要があります。この仕組みを「EDI（Electronic Data Interchange）」といいます。EDIは業界や国によって，一定の書式が決まっています。

電子マーケットプレース（eマーケットプレース）

企業と企業が，Webサイトを通じてモノを売ったり買ったりする，インターネット上の取引所のことを「電子マーケットプレース」といいます。

メリット

中間の業者を通さないので**流通コストを安く抑えられます。**

オンラインモール

複数のオンラインショップが集まるWebサイトのことを「オンラインモール」といいます。**楽天市場やAmazonが有名です。**

電子オークション

インターネット上でおこなわれるオークションのことを「電子オークション」といいます。ネットオークション，オンラインオークションともよばれます。**Yahoo!が有名です。**

SEO

SEO（エスイーオー）（Search Engine Optimization）とは，GoogleやYahoo!などで検索したとき，検索結果の上位に表示されるように工夫することです。

メリット

企業がECでモノを売るとき，自社の商品が検索上位にくるように工夫することで，**売上をのばすことができます。**

バナー広告

バナー広告とは，企業がさまざまなWeb(ウェブ)サイトに広告の画像を張ってもらうことです。企業がWebサイトの管理者へ広告費を支払う課金方法は各種ありますが，ここでは代表的な課金方法を説明します。

画像の表示回数に応じて課金する方法

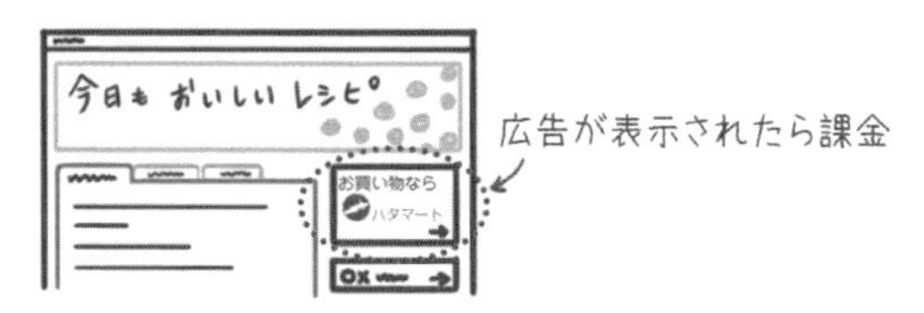

消費者が画像をクリックした回数に応じて課金する方法

消費者が画像をクリックして企業のECサイトへ行き，商品を購入したら課金する方法（アフィリエイト）⟶次ページで説明します。

アフィリエイト

アフィリエイトとはバナー広告の一種で，Webサイトを使った成功報酬型広告のことをいいます。

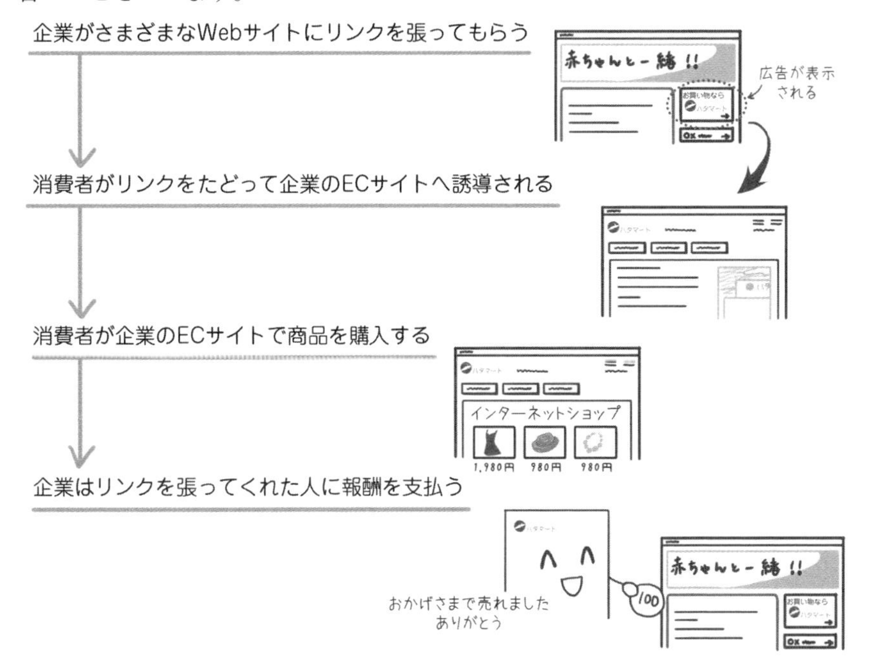

レコメンデーション

インターネットショッピングにおいて，個人がアクセスしたWebページの閲覧履歴や商品の購入履歴を分析し，関心のありそうな情報を表示して別商品の購入を促すマーケティング手法のことをいいます。

インターネットバンキング

インターネット上でおこなわれる銀行取引のことをインターネットバンキングといいます。オンラインバンキングともよばれます。

残高確認，預け入れ，引き出し，振り込みなどをWeb上でおこなうことができます。

Chapter06-01

過去問演習

ECの取引形態

Q 1　電子商取引のうち，オークションサイトでの取引など，消費者がメーカや小売店以外の個人から商品を購入する形態はどれか。

ア　B to B　　イ　B to C

ウ　B to G　　エ　C to C

解説　「消費者が」「個人から商品を購入」との文言より，エのC to Cが正解とわかる。

ア　B to B（Business to Business）は，企業と企業の取引。

イ　B to C（Business to Consumer）は，企業と消費者の取引。

ウ　B to G（Business to Government）は，企業と政府の取引。

正解　エ　（2012年春期 問23）

ECの取引形態

Q 2　電子商取引に関するモデルのうち，B to Cモデルの例はどれか。

ア　インターネットを利用して，企業間の受発注を行う電子調達システム

イ　インターネットを利用して，個人が株式を売買するオンライントレードシステム

ウ　各種の社内手続や連絡，情報，福利厚生サービスなどを提供するシステム

エ　消費者同士が，Webサイト上でオークションを行うシステム

解説　B to C（Business to Consumer）は，企業と消費者の取引。イが正解。

ア　企業と企業の取引は，B to B（Business to Business）である。

ウ　企業とその従業員の取引は，B to E（Business to Employee）である。

エ　消費者と消費者の取引は，C to C（Consumer to Consumer）である。

正解　イ　（2015年秋期 問17）

EC取引の成立

Q 3　インターネット上での通信販売が図の手順で行われるとき，特段の取決めがない場合，取引が成立する時点はどれか。

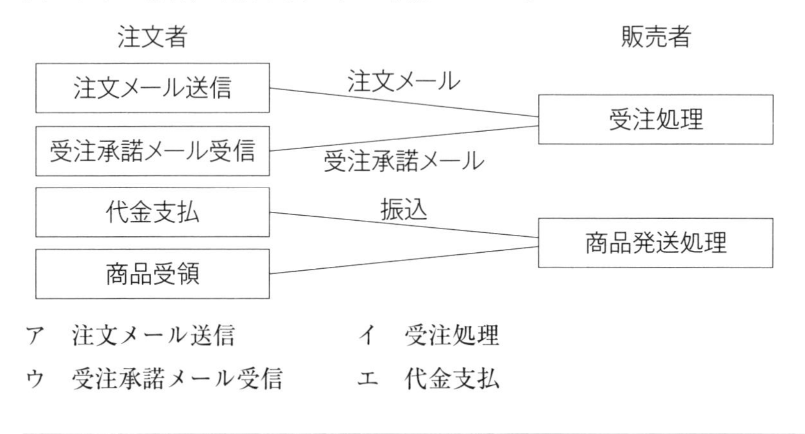

ア　注文メール送信　　　　イ　受注処理
ウ　受注承諾メール受信　　エ　代金支払

解説　民法では，離れた消費者に対しては承諾通知を発したときに取引契約が成立する。ただし，インターネット上での通信販売の場合，注文者に受注承諾通知が到達したときに取引契約が成立する（電子消費者契約法）。ウが正解。

正解　ウ　　(2010年春期 問26)

企業間のデータのやり取り

Q 4　受発注や決済などの業務で，ネットワークを利用して企業間でデータをやり取りするものはどれか。

ア　B to C　　イ　CDN　　ウ　EDI　　エ　SNS

解説　ネットワークを利用した企業間のデータのやり取りをするものはEDIなので，ウが正解。
ア　企業と消費者の取引のこと。
イ　コンテンツデリバリーネットワーク。大容量のデジタルコンテンツを配信するネットワークのこと。
エ　ソーシャルネットワーキングサービス。社会的ネットワークを提供するサービスのこと。

正解　ウ　　(2018年春期 問22)

02 IoT

①IoTとは何か理解する
②使われ方を知る

IoT（Internet of Things）とは，**モノのインターネット**ともいわれ，モノをインターネットに接続して制御することや，モノをインターネットに接続することで得られる情報を活用する仕組みのことです。インターネットに接続されているモノのことを**IoTデバイス**といいます。

スマートフォンをはじめとして，私たちの身の回りにたくさんのIoTが存在しています。

ドローン

ドローンとは無人航空機のことで，プログラムによって飛行するものや，無線での遠隔操作によって飛行するものもあります。近年では農薬散布・人命救助・測量観測など多くの分野で産業用ドローンが利用されています。

コネクテッドカー

コネクテッドカーとは，インターネットへの常時接続機能を持つ自動車です。ICT（Information and Communication Technology）端末としての機能を持つ自動車ともいえます。最新の道路状況を取得し渋滞を回避したり，自らの道路状況を通信センターへ送るなどの機能があります。

自動運転

自動運転とは，人間が運転をしなくても自動車が自動で走行することです。カメラやGPS，超音波によるセンサなどで情報を得て，プログラムされた処理をおこなうことで自動運転がおこなわれます。現在，前を走る自動車に付いていく「クルーズコントロール」，白線からはみ出さずに走行する「車線維持走行」，自動ブレーキ，急発進防止装置などが実用化されています。

■ワイヤレス給電

ワイヤレス給電は無線給電ともいわれ，充電ケーブルを接続せずに給電できる仕組みです。現在，スマートフォンや電動歯ブラシなどへの非接触充電などで利用されています。

■クラウドサービス

クラウドサービスとは，各自が持つデータや，機器で収集した情報を，ネットワークを利用してクラウドサーバに蓄積・解析し，サービスを受ける仕組みです。IoTのクラウドサービスを**IoTプラットフォーム**ということもあります。

■スマートファクトリー

スマートファクトリーとは，AIやIoTを使って管理された**工場**です。

■インダストリー4.0

インダストリー4.0とは，第四次産業革命のことで，AIやIoTを取り入れて**製造業**を改革する構想です。

■ロボティクス

ロボティクスとは，ロボット工学のことで，ロボットの設計や製作をおこないます。AIやIoTを利用した**産業用ロボット**の開発も進んでいます。

ファームウェア

ファームウェアとは，モノに組み込む制御用のソフトウェアのことです。

ディジタルサイネージ

ディジタルサイネージ（Digital Signage）とは，電子看板のことです。新しい広告媒体として注目されています。

組込みシステム

組込みシステム（エンベデッドシステム）とは，家電製品などに組み込まれる，特定の機能を実現するためのシステムです。

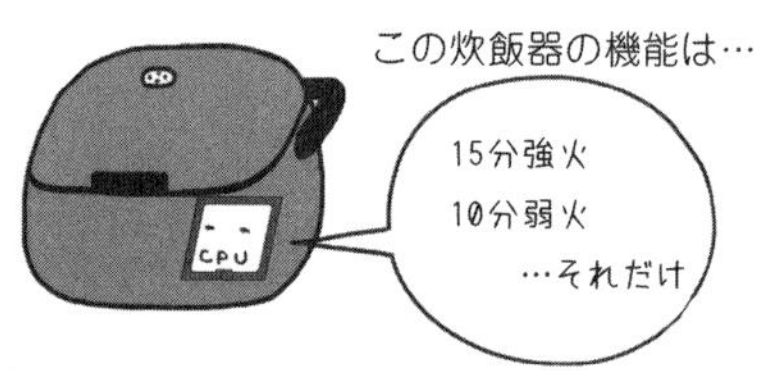

特徴　リアルタイム性

リアルタイム性とは，定められた時間の範囲内で一定の処理を完了する性質のことです。ポイントは定められた時間の範囲内で終わればよいということ。必ずしも高速処理が求められるということではありません。

Chapter06-02

過去問演習

情報を活用する仕組み

Q 1　電力会社において，人による検針の代わりに，インターネットに接続された電力メータと通信することで，各家庭の電力使用量を遠隔計測するといったことが行われている。この事例のように，様々な機器をインターネットに接続して情報を活用する仕組みを表す用語はどれか。

ア　EDI　　イ　IoT　　ウ　ISP　　エ　RFID

解説　「機器をインターネットに接続して情報を活用する」との文言より，イのIoTが正解とわかる。

ア　電子データ交換のこと。

ウ　インターネットプロバイダのこと。

エ　ICタグによる非接触通信技術のこと。

正解　イ　（2020年秋期 問８）

IoTの事例

Q 2　IoTに関する事例として，最も適切なものはどれか。

ア　インターネット上に自分のプロファイルを公開し，コミュニケーションの輪を広げる。

イ　インターネット上の店舗や通信販売のWebサイトにおいて，ある商品を検索すると，類似商品の広告が表示される。

ウ　学校などにおける授業や講義をあらかじめ録画し，インターネットで配信する。

エ　発電設備の運転状況をインターネット経由で遠隔監視し，発電設備の性能管理，不具合の予兆検知及び補修対応に役立てる。

解説　発電設備をインターネットに接続して管理を行っているので，エが正解。

ア　プロファイルとは人物紹介のこと。

イ　レコメンド機能の説明。

ウ　オンライン授業の説明。

正解　エ　（2020年秋期 問10）

03 ERPパッケージ

①ERPパッケージを理解する。
②ERPパッケージのメリットと問題点を覚える。

ERP（Enterprise Resource Planning）パッケージとは，それぞれ機能しているシステムを１つにつなげるソフトウェアパッケージのことです。

ERPパッケージとは

ERPパッケージを導入すると，販売状況や在庫の状況などについての**詳細な情報が適時に入手**できるようになります。個々の状況が把握しにくい大企業や，海外に販売店がある企業では特に便利で，報告を待たずに**情報を入手，意思決定し，指示する**ことができます。

また，汎用性が高いように設計されており，様々な業種で利用できるようになっています。

イメージをつかむため，ERPパッケージが導入されていない場合と導入されている場合の違いを見てみましょう。

ERPパッケージが導入されていない場合

🐾ERPパッケージが導入されている場合

ERPのメリットと問題点

ERPのメリットと問題点について見ていきます。

🐾ERPのメリット

- **詳細な情報**が**適時**に入手できる。
- **自動的**に情報共有できる。
- すぐにデータが反映されるため，**業務が効率化**できる。
- 報告を待たずに情報を入手できるため，**迅速な意思決定や指示**ができる。

🐾ERP導入時の問題点

従来のシステムからERPパッケージに移行する場合，**すべての業務内容とそれぞれのシステムを理解している担当者**が，導入時にリーダーとなる必要があります。これらを理解していない担当者がおこなうと個々の業務が導入前よりも遅延し，社内で問題となり，改修には膨大なコストが必要となります。

また，導入コストが非常に**高額**なため，中小企業では導入が困難な場合が多いです。

Chapter06-03

過去問演習

ERPパッケージの特徴

Q 1　ERPパッケージの特徴として適切なものはどれか。

ア　業界独特の業務を統合的に支援するシステムなので，携帯電話事業などの一部の業種に限って利用されている。

イ　財務会計業務に限定したシステムであるので，一般会計処理に会計データを引き渡すまでの機能は，別途開発又は購入する必要がある。

ウ　種々の業務関連アプリケーションを処理する統合業務システムであり，様々な業種及び規模の企業で利用されている。

エ　販売，仕入，財務会計処理を統合したシステムであり，個人商店などの小規模企業での利用に特化したシステムである。

解説　ERPパッケージの特徴は，①それぞれ機能しているシステムを1つにつなげる，②汎用性が高いので様々な業種で使える，③導入コストが高いので主に大企業で利用されていること。

ア　ERPパッケージは汎用性が高く，様々な業種で利用されているため，不適切である。

イ　ERPパッケージは財務会計業務に限定したシステムではなく，全てのシステムをまとめて管理することができる。

エ　導入コストが高いため，小規模企業では利用されることは少なく，主に大企業で利用される。

正解　ウ　　（2016年春期 問5）

04 システムの構成

企業で使われるシステムの構成を理解する。

システムの処理形態

コンピュータが演算などの処理をどのようにおこなうかを「システムの処理形態」といいます。主に，次の４つの処理形態があります。

集中処理

集中処理とは，１台のホストコンピュータで集中的に処理を行い，ホストコンピュータにつないだクライアントでデータの入出力をおこなうことです。

分散処理

分散処理とは，複数のコンピュータで分散して処理をおこなうことです。

並列処理

並列処理とは，コンピュータの処理をいくつかの小さな処理に細分化し，複数のプロセッサで各処理を同時に実行させることです。

レプリケーション

レプリケーションとは，レプリカを作るという意味で，あるシステムにあるデータを別のコンピュータ上にも作成し，リアルタイムで常に内容を同期することです。

クライアントとサーバとは

アプリケーションやデータベースなどを管理するコンピュータをサーバといい，ユーザがサーバにつないで利用するコンピュータを**クライアント**といいます。クライアント・サーバ，またはクラサバとよばれることもあります。

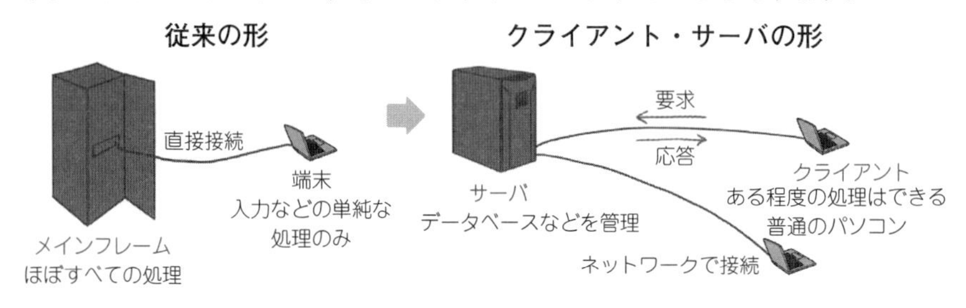

サーバの仮想化

サーバの仮想化とは，1つのコンピュータ上で，仮想的に複数のコンピュータを実現する技術のことをいいます。

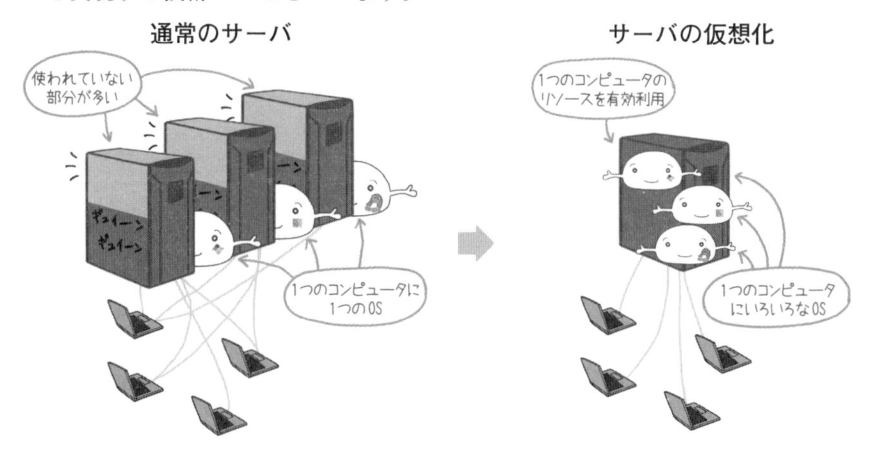

デュアルシステム

同じシステムを2つ用意し，**両方に同じ処理をさせること**をデュアルシステムといいます。どちらか1つのシステムに障害が発生しても，問題なく業務を進めることができるというメリットがあります。

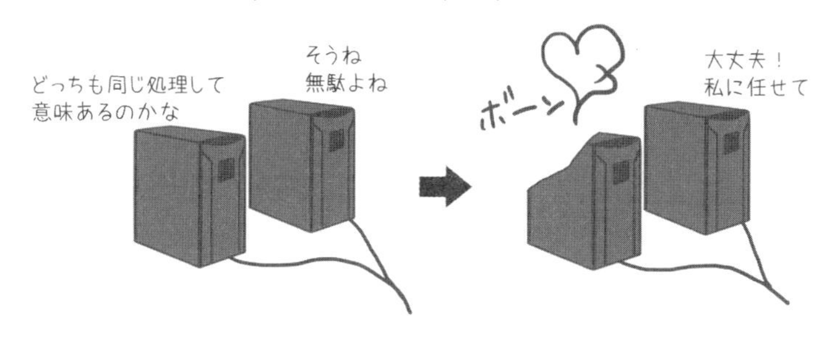

デュプレックスシステム

システムを2つ用意し，通常は主となるシステムで処理をおこない，**障害発生に備えてもう1つのシステムを待機させておくこと**をデュプレックスシステムといいます。待機の方法が2種類あります。

ホットスタンバイ

待機中も常に同期して主システムと同じ状態にしておきます。

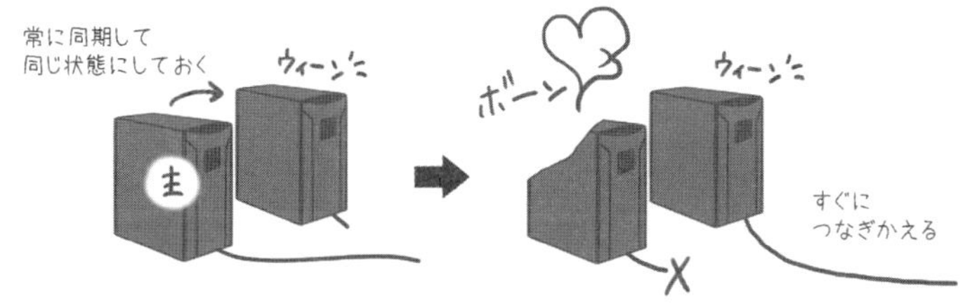

コールドスタンバイ

待機中は同期しません。主システムに障害が発生したときに動き出します。

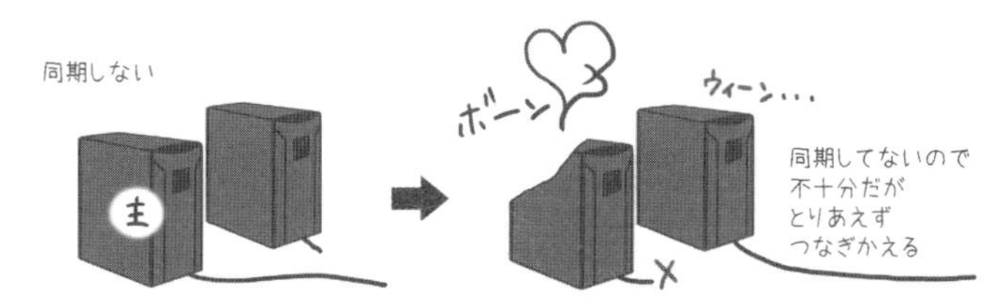

リアルタイム処理

処理が要求されたり，データが発生したりする都度，即時に処理することをリアルタイム処理といいます。

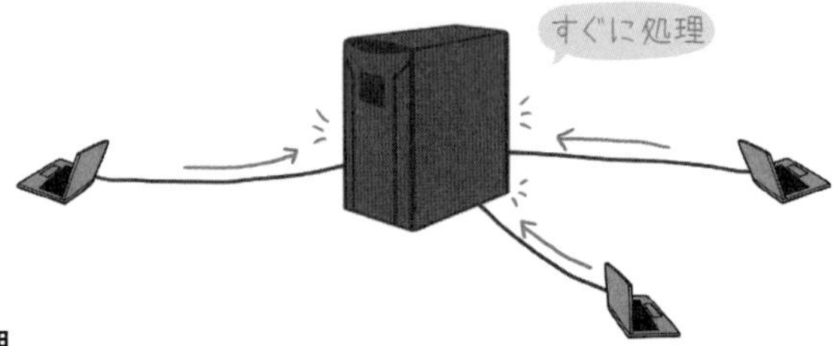

対話型処理

リアルタイム処理の一種ですが，特にユーザの入力が必要とされるものを対話型処理といいます。入力と処理が交互に，対話するようにおこなわれます。

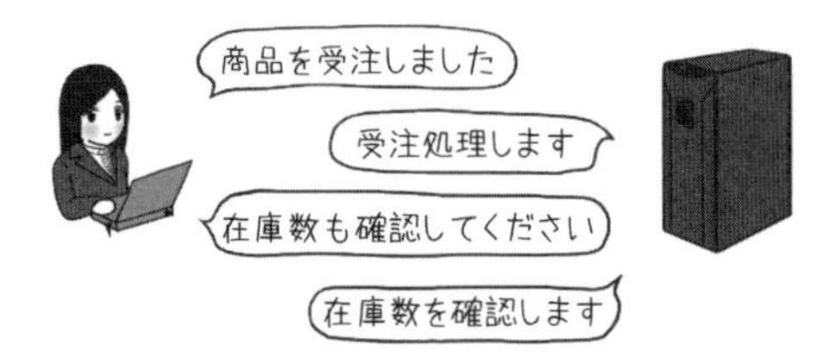

バッチ処理

まとまったデータに対して処理することをバッチ処理といいます。夜に１日分の売上データを処理するときなどに使われます。

クラウドコンピューティング

これまでは，企業やユーザがコンピュータのハードウェア，ソフトウェア，データなどを，自分自身で保有・管理していました。

一方，「クラウドコンピューティング」では，自分自身でハードウェアなどを保有しなくても，インターネットからサービスを受けることができます。

クラウドコンピューティングの3種類

① **SaaS**（Software as a Service）

SaaS（サース）とは，ソフトウェアパッケージを提供することです。

▶**例**　Google Apps

② **PaaS**（Platform as a Service）

PaaS（パース）とは，アプリケーション実行用のプラットフォームを提供することです。

▶**例**　Google App Engine

③ **IaaS**（Infrastructure as a Service）

IaaS（アイアース）とは，インフラを提供することです。

▶**例**　Amazon EC 2

DaaS（Desktop as a Service）

DaaS（ダース）とは，デスクトップ仮想化システムのことです。業務データを個々のパソコンに持たせないので，情報漏えいのリスクが減ります。

ハウジングとホスティング

企業内でサーバを所有するのではなく，サーバをアウトソーシングする場合があります。サーバをアウトソーシングする方法がいくつかあります。

🐾ハウジング

ハウジングとは，自社のサーバや通信機器を専門業者に預けて使うことです。コロケーションともいわれます。

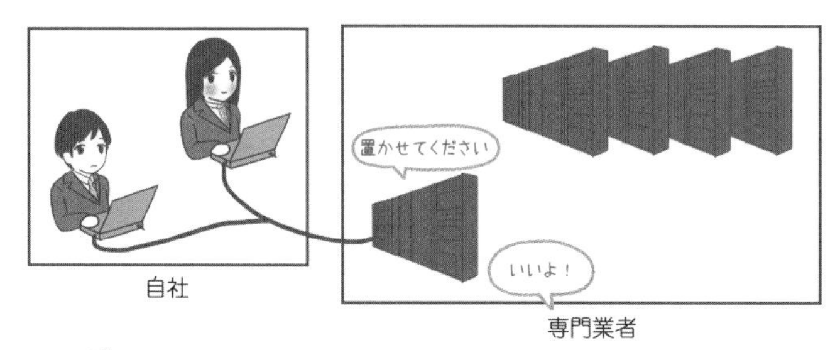

🐾ホスティング

ホスティングは，専門業者のサーバや通信機器を利用します。レンタルサーバともいわれます。

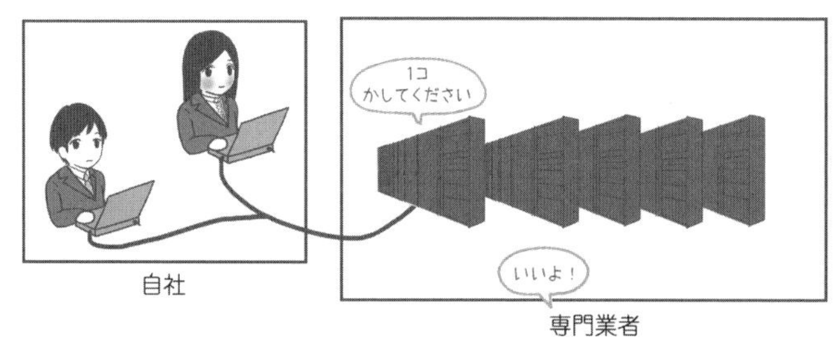

🐾SaaS（Software as a Service）

SaaSは，ソフトウェアの必要な機能だけを必要なときに，ネットワーク経由で利用できます。

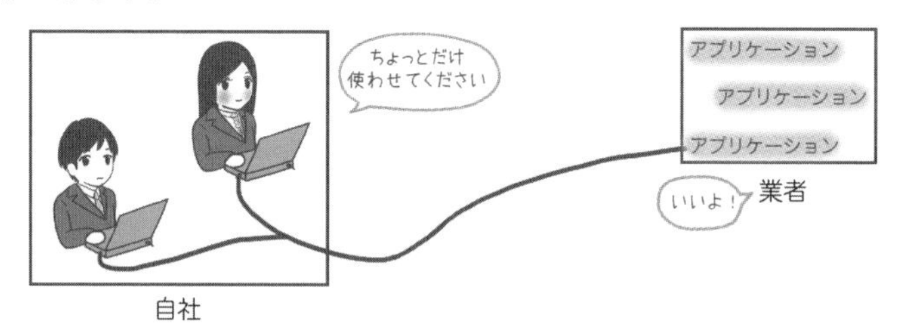

オンプレミス

オンプレミスとは，情報システムを自社で管理する設備内に設置して運用することです。

SOA

SOA（Service-Oriented Architecture）とは，業務の１機能を１サービスとして，**それぞれのサービスを連携**させることです。サービス指向アーキテクチャともよびます。サービスは**ネットワーク上にあり**，外部からよび出せます。

メリット　SOAを採用すると，柔軟性のあるシステム開発が可能となる。

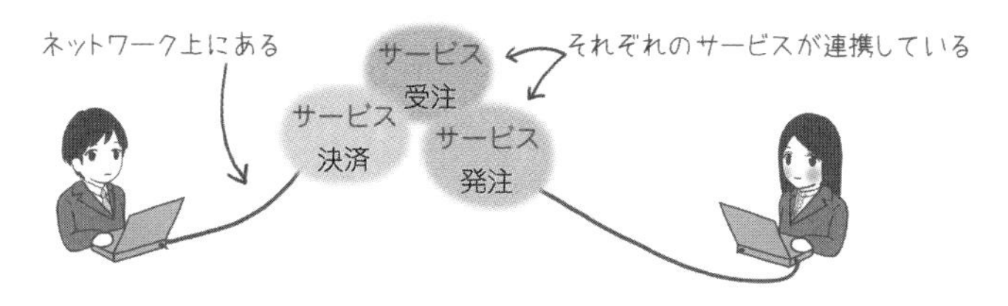

SI（システムインテグレーション）

SI（System Integration）とは，システムの企画・設計・開発から，保守までを統合しておこなうことです。顧客から受注を受けてSIをおこなう企業を，システムインテグレータ（System Integrator）といいます。

NAS

NAS（ナス）（Network Attached Storage）とは，LANに直接接続して，複数のPCから共有できるファイルサーバ専用機のことです。ネットワークを通じてアクセスできる外部記憶装置（ストレージ）として利用されます。

コンピュータクラスタ

ひとまとまりとして使う

コンピュータクラスタとは，複数のコンピュータを結合して，ひとまとまりとして使うことをいいます。

拡張性　複数のコンピュータを結合することで，処理速度を上げること。

可用性　複数のコンピュータを結合することで，どれか１つが停止してもシステムが動き続ける。

05 ITの活用

企業でどのようにITが活用されているか理解する。

ビッグデータ

ビッグデータとは，これまでのデータ管理ソフトウェアでは処理できないほど大量かつ多種多様な形式のデータのことです。企業ではビッグデータを入手し分析することで，経営の意思決定に役立てる取り組みがおこなわれています。ビッグデータを分析することで，より実態に即した経営を可能にします。

一方，これまでの管理・分析手法が通用しないので，企業としてどのようなビッグデータをどのように分析するか，また，ビッグデータを扱う人材の確保などの課題も残されています。

ビッグデータの分類

ビッグデータは大きく4つに分類できます。

オープンデータ

国や地方公共団体が保有し提供するデータ

知のデジタル化

産業や企業が持っている暗黙知（ノウハウ）をデジタル化したもの

M2Mデータ

M2MはMachine to Machineを表し，M2Mデータは工場などのIoT機器から収集されるデータ

パーソナルデータ

個人の属性情報，行動履歴，購買履歴などのデータ

テキストマイニング

テキストマイニングは，文字列を対象としたデータマイニングです。SNSで発せられた単語などのテキストデータを分析します。

データサイエンス

データサイエンスとは，データから有益な知見を引き出すことです。データサイエンスを行う人材をデータサイエンティストといいます。

ゲーミフィケーション

ゲーミフィケーションとは，ゲームの要素をゲーム以外の分野に生かすことです。ゲームの持つ「楽しさ」「目的意識」「デザイン性」など様々な要素を，商品やサービスの開発，従業員のモチベーション向上などに生かす取り組みが始まっています。

ディジタルデバイド

ディジタルデバイドは情報格差ともいわれ，情報通信技術（ICT）を利用できる人と利用できない人の間に生まれる格差のことです。

アクセシビリティ

アクセシビリティとは，アクセスしやすさ，言い換えると利用しやすさのことです。特にITでのアクセシビリティでは，年齢や性別，障がいの有無などにかかわらず，どんな人でも使いやすいように工夫することを指すことが多いです。

■ワークフローシステム 

ワークフローシステムでは，担当者が稟議書の作成や障害対応報告をおこない，上司に承認をもらい，決裁や対応が完了する一連の業務を，ネットワークを介してパソコン上でおこないます。

ワークフローシステムを含む，組織内の情報共有を行うソフトウェアを**グループウェア**といいます。グループウェアには，会議室予約システムやスケジュール管理なども含まれます。

ワークフローシステムのメリット

・すぐにデータが反映されるため，**業務が効率化**できる。

・**データの改ざんが難しく**，不正を防止しやすい。

・**作業が止まっている場所をすぐに把握できる**ので，放置されるのを防ぎやすい。

■EA（Enterprise Architecture）

EA（イーエー）とは，大企業など規模の大きい組織（Enterprise）について組織構造，業務手順，情報システムの最適化を進めることで，組織運営を効率化する手法です。

Chapter06-04〜05

過去問演習

サーバの仮想化

Q１　サーバ仮想化の特長として，適切なものはどれか。

ア　１台のコンピュータを複数台のサーバであるかのように動作させることができるので，物理的資源を需要に応じて柔軟に配分することができる。

イ　コンピュータの機能をもったブレードを必要な数だけ筐体に差し込んでサーバを構成するので，柔軟に台数を増減することができる。

ウ　サーバを構成するコンピュータを他のサーバと接続せずに利用するので，セキュリティを向上させることができる。

エ　サーバを構成する複数のコンピュータが同じ処理を実行して処理結果を照合するので，信頼性を向上させることができる。

解説　サーバの仮想化とは，１つのコンピュータ上で，仮想的に複数のコンピュータを実現すること。したがって，アが正解で，１つのコンピュータという物理的資源を，需要のある処理に柔軟に配分することができる。

正解　ア　　(2019年秋期 問74)

処理形態とITの活用

Q２　意思決定に役立つ知見を得ることなどが期待されており，大量かつ多種多様な形式でリアルタイム性を有する情報などの意味で用いられる言葉として，最も適切なものはどれか。

ア　ビッグデータ　　イ　ダイバーシティ

ウ　コアコンピタンス　　エ　クラウドファンディング

解説　「大量かつ多種多様な形式でリアルタイム性を有する情報」との文言よりアのビッグデータとわかる。

イ　多様な人材を活用すること。

ウ　他社が真似できない核となる能力のこと。

エ　不特定多数の人から少額ずつ資金を調達すること。

正解　ア　　(2019年春期 問28)

ゲーミフィケーション

Q 3　ポイント，バッジといったゲームの要素を駆使するゲーミフィケーションを導入する目的として，最も適切なものはどれか。

ア　ゲーム内で相手の戦略に応じて自分の戦略を決定する。

イ　顧客や従業員の目標を達成できるように動機付ける。

ウ　新作ネットワークゲームに関する利用者の評価情報を収集する。

エ　大量データを分析して有用な事実や関係性を発見する。

解説　ゲーミフィケーションとは「ゲームの要素をゲーム以外の分野に生かすこと」なので，ゲームの要素を使って顧客や従業員の目標を達成できるように動機付けることが当てはまる。

正解　イ　（2019年春期 問33）

データの解析

Q 4　統計学や機械学習などの手法を用いて大量のデータを解析して，新たなサービスや価値を生み出すためのヒントやアイディアを抽出する役割が重要となっている。その役割を担う人材として，最も適切なものはどれか。

ア　ITストラテジスト　　イ　システムアーキテクト

ウ　システムアナリスト　　エ　データサイエンティスト

解説　「大量のデータを解析」「新たなサービスや価値を生み出す」との文言より，エのデータサイエンティストが正解。

ア　経営とITを結びつける人材。

イ　システムの設計・構築を担う人材。

ウ　システムの分析や評価を行う人材。

正解　エ　（2019年秋期 問23）

06　システムの評価指標

①評価指標の用語を覚える。
②稼働率の計算ができるようになる。

システムを運用するとき，「予定通りシステムが動いているか」「問題は発生していないか」などを常に確認する必要があります。

システムの性能を評価する指標

システムの性能を評価する指標として次のものがあります。

ベンチマークテスト

システムの使用目的に合致した標準的なプログラムを実行してシステムの性能を評価する方法

ターンアラウンドタイム

利用者が処理依頼をおこなってから結果の出力が終了するまでの時間のこと

レスポンスタイム

入力してから反応が返ってくるまでの応答時間のこと

スループット

単位時間あたりに処理される仕事の量のこと

可用性管理

システムが継続して稼働できる能力のことを可用性管理といいます。障害が発生してもユーザが利用可能な状況を維持できるように管理します。

稼働率

稼働率とは，すべての時間の中でどれだけの時間，システムが稼働しているかを表すものです。

暗記　稼働率を求める公式

稼働率＝稼働している時間÷ **すべての時間**

↑

稼働している時間＋修理のため停止している時間

また，MTBF（平均故障間隔），MTTR（平均修理時間）という指標もあります。

暗記　MTBF，MTTRの公式

MTBF（平均故障間隔）＝稼働している時間÷故障回数

MTTR（平均修理時間）＝修理のため停止している時間÷故障回数

複数システムの稼働率

システムが複数あるときの稼働率はどのように求めたらよいでしょうか。

前提条件として，システムは稼働しているか，故障しているかのどちらかです。したがって，次のような関係が成り立ちます。

100%　＝　稼働率　＋　故障率

直列システム

稼働率　＝　稼働率A　×　稼働率B　×　…

特徴　直列の方がコストが安い。

並列システム

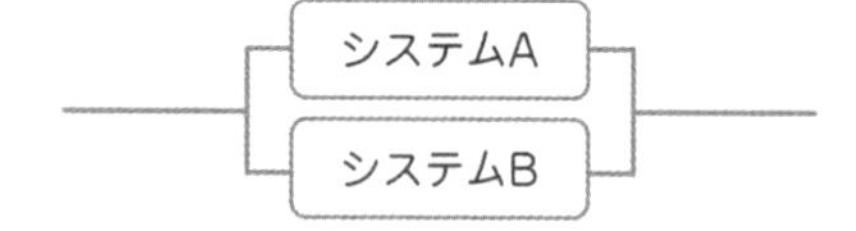

稼働率　＝　100%　－　故障率A　×　故障率B　×　…

特徴　1つ壊れても他のシステムが稼働するため故障しにくい。

Chapter06-06

過去問演習

システムの評価指標

Q 1　ITサービスマネジメントにおける可用性管理の目的として，適切なものはどれか。

ア　ITサービスを提供する上で，目標とする稼働率を達成する。

イ　ITサービスを提供するシステムの変更を，確実に実施する。

ウ　サービス停止の根本原因を究明し，再発を防止する。

エ　停止したサービスを可能な限り迅速に回復させる。

解説　可用性管理とは，システムが継続して稼働できる能力のことで稼働率を管理する。アが正解とわかる。

イ　変更管理の目的。

ウ　問題管理の目的。

エ　インシデント管理の目的。

正解　ア　　(2016年春期 問36)

稼働率

Q 2　あるコールセンタでは，顧客からの電話による問合せに対応するオペレータを支援するシステムとして，顧客とオペレータの会話の音声を認識し，顧客の問合せに対する回答の候補をオペレータのPCの画面に表示するAIを導入した。１日の対応件数は1,000件であり，問合せ内容によって二つのグループA, Bに分けた。AI導入前後の各グループの対応件数，対応時間が表のとおりであるとき，AI導入後に，１日分の1,000件に対応する時間は何％短縮できたか。

AI導入前後のグループ別の対応件数と対応時間

	グループA		グループB	
	対応件数	対応時間	対応件数	対応時間
AI導入前	500件	全体の80％	500件	全体の20％
AI導入後	500件	AI導入前と比べて30％短縮	500件	AI導入前と同じ時間

ア　15　　イ　16　　ウ　20　　エ　24

解説　AI導入前　500件×80%＋500件×20%＝500
AI導入後　500件×80%×70%＋500件×20%＝380
（500－380）÷500×100＝24%

正解　エ　（2020年秋期 問43）

複数システムの稼働率

Q 3　3つの装置A，B，Cの稼働率はそれぞれ0.90，0.95，0.95である。これらを組み合わせた図のシステムのうち，最も稼働率が高いものはどれか。ここで，並列に接続されている部分はどちらかの装置が稼働していればよく，直列に接続されている部分はすべての装置が稼働していなければならない。

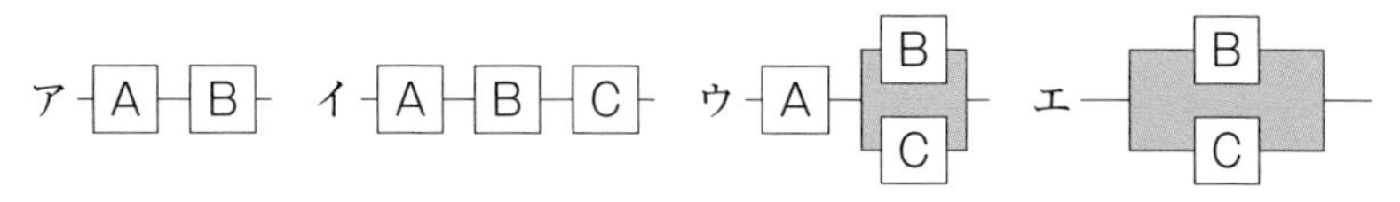

解説　直列をおこなうと，稼働率が低下してしまう。並列をおこなうと故障率が下がる。パッと見て，エが正解とわかるが，念のため，計算で確認しよう。
ア　稼働率＝0.90×0.95＝0.855
イ　稼働率＝0.90×0.95×0.95＝0.81225
ウ　稼働率＝0.90×（１－0.05×0.05）＝0.89775
エ　稼働率＝１－0.05×0.05＝0.9975

正解　エ　（2010年秋期 問64）

Part Ⅲ

マネジメント系

出題数　20/100問

▶ソフトを作るための技術
▶ソフトが完成するまでの管理
▶ソフトを作った後のフォロー

Chapter07

システム開発

01　開発の準備

①**独自開発とパッケージの違いを理解する。**
②**RFI，RFPなどの用語を覚える。**

いよいよ開発について学んでいきます。開発とは，**企業の業務で使うシステムを新しく作る**ことをいい，大企業になると数十億円が投入される大プロジェクト。実務において重要な分野で，また，ITパスポートの試験でも頻出の論点です。

開発の流れを学ぶ前に，まずは開発が始まる前までの準備について，見ていきましょう。

開発とパッケージの選択

企業で使うシステムが新たに必要になった場合，①**独自に開発する**，②**ソフトウェアパッケージを購入する**，という２つの選択肢があります。企業では，それぞれの長所と短所を考慮して，自社に合った選択をします。

①**独自の開発**では，開発の企画段階からその企業独自の仕様に作りこみます。一方，②**ソフトウェアパッケージ**を購入する場合は，ある程度標準化されたパッケージを購入することになります。会計・顧客管理・給与ソフトの「弥生シリーズ」が有名です。

特徴	独自開発	パッケージ
○長所	使いやすいようにカスタマイズできる。	安い。
×短所	高い。	カスタマイズが難しい。

Chapter07-01～04は，ITパスポート試験のシラバスではストラテジ系の範囲ですが，全体的な理解がしやすいように本書ではマネジメント系に含めています。

開発ベンダへの発注　重要！

ベンダとは，製品の販売会社・提供会社を指す言葉ですが，システム開発で使う場合は「**ユーザ企業から受託したソフトウェアを開発する企業**」という意味で使われます。

本書では「開発ベンダ」と表現しますが，単に「ベンダ」といわれることもあります。

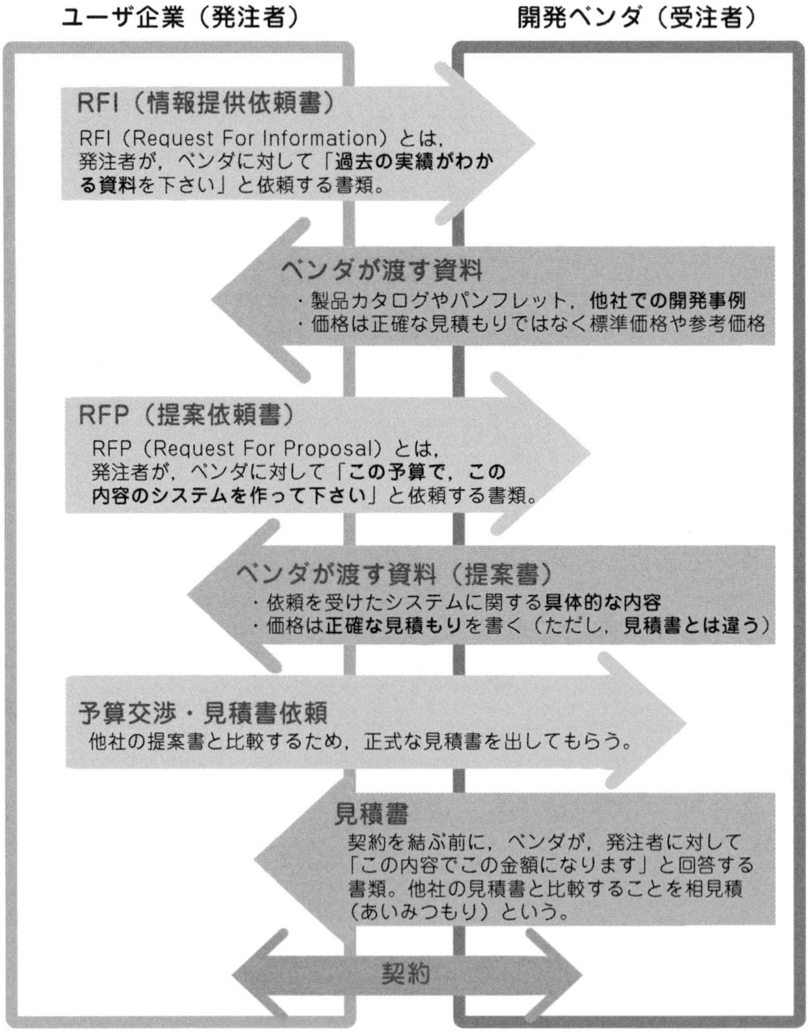

ユーザ企業（発注者）　**開発ベンダ（受注者）**

RFI（情報提供依頼書）
RFI（Request For Information）とは，
発注者が，ベンダに対して「**過去の実績がわかる資料**を下さい」と依頼する書類。

ベンダが渡す資料
・製品カタログやパンフレット，**他社での開発事例**
・価格は正確な見積もりではなく標準価格や参考価格

RFP（提案依頼書）
RFP（Request For Proposal）とは，
発注者が，ベンダに対して「**この予算で，この内容のシステムを作って下さい**」と依頼する書類。

ベンダが渡す資料（提案書）
・依頼を受けたシステムに関する**具体的な内容**
・価格は**正確な見積もり**を書く（ただし，**見積書とは違う**）

予算交渉・見積書依頼
他社の提案書と比較するため，正式な見積書を出してもらう。

見積書
契約を結ぶ前に，ベンダが，発注者に対して「この内容でこの金額になります」と回答する書類。他社の見積書と比較することを相見積（あいみつもり）という。

契約

Chapter07-01

過去問演習

ベンダへの発注

Q 1　情報システムの調達の際に作成される文書に関して，次の記述中のa，bに入れる字句の適切な組合せはどれか。

調達する情報システムの概要や提案依頼事項，調達条件などを明示して提案書の提出を依頼する文書は<a>である。また，システム化の目的や業務概要などを示すことによって，関連する情報の提供を依頼する文書は<b>である。

	a	b
ア	RFI	RFP
イ	RFI	SLA
ウ	RFP	RFI
エ	RFP	SLA

解説　提案書を依頼する文書はRFP（提案依頼書），関連する情報の提供を依頼する文書はRFI（情報提供依頼書）である。

正解　ウ　（2020年秋期 問１）

開発

Q 2　情報システム開発の詳細設計が終了し，プログラミングを外部のベンダに委託することにした。仕様，成果物及び作業の範囲を明確に定義した上で，プログラミングを委託先に請負契約で発注することにした。発注元のプロジェクトマネージャのマネジメント活動として，最も適切なものはどれか。

ア　委託先に定期的な進捗報告を求めるとともに，完成したプログラムの品質を確認する。

イ　委託先の作業内容を詳細に確認し，生産性の低い要員の交代を指示する。

ウ　委託先の作業場所で，要員の出退勤を管理し，稼働状況を確認する。

エ　委託先の要員に余力がある場合，仕様変更に伴うプログラミングの作業を担当者に直接指示する。

解説　**請負契約**で委託する場合，プロジェクトマネージャはイ・ウ・エのような詳細な関わりは持たず，アのような定期的な進捗報告や完成品の確認のみを行う。
正解　ア　（2020年秋期 問42）

RFP

Q 3　ある業務システムの新規開発を計画している企業が，SIベンダに出すRFPの目的として，最も適切なものはどれか。

ア　開発する業務システムの実現方法とその可能性を知るために，ベンダから必要な技術情報を得たい。

イ　業務システムの開発を依頼する候補を絞り込むために，得られる情報からベンダの能力を見たい。

ウ　業務システムの開発を依頼するために，ベンダの示す提案内容から最適な依頼先を選定したい。

エ　業務システムの開発を依頼するベンダと機密保持契約を結ぶために，ベンダからの了解を取り付けたい。

解説　**RFP**とは，**発注者がベンダに**対して「この予算でこの内容のシステムを作って下さい」と**依頼**する書類。複数のベンダに送り，相見積をおこない，ベストな依頼先を選ぶために使用する。ウが正解とわかる。
ア　RFI（情報提供依頼書）の目的。
イ　RFI（情報提供依頼書）の目的。
エ　NDA（秘密保持契約書）の目的。
正解　ウ　（2011年秋期 問25）

補足「**SIベンダ**」とは？
System Integration（システム構築）をおこなう会社のこと。顧客の業務内容を分析し，必要な情報システムの企画，構築，運用などの業務を一括して請け負う。

補足「**ベンダ**」とは？
業務を請け負う会社のこと。IT業界では，日常的に使用される用語なので，必ず覚えておこう。

02　開発の全体像

開発全体の流れを理解する。

システム開発の学習では，システム開発の流れを理解することが重要です。

SLCP

SLCP（Software Life Cycle Process：ソフトウェアライフサイクルプロセス）とは，ソフトウェアが最初に企画され，開発・導入・運用を経て，最後に使用が終了するまでの過程のことをいいます。

企画プロセス　Chapter07-03

企画プロセスは，事業目標を達成するために必要なシステム化の方針を決め，そのシステムを実現するため実施計画を作る（システム化計画）プロセスです。

- 経営上のニーズと課題の分析
- 対象業務の分析
- 全体開発スケジュールの作成
- システム導入の費用対効果の分析
- システム導入時におけるリスク分析
- システム導入，維持，管理にかかる総コスト（TCO）の見積もり

要件定義プロセス　Chapter07-04

要件定義プロセスは，利用者ニーズを把握したうえでシステム化の範囲と機能を明らかにし，利害関係者間で合意を形成するプロセスです。

- ハードウェアの内容を明示する（システム要件定義）。
- ソフトウェアの内容を明示する（ソフトウェア要件定義）。
- 要件は機能要件，非機能要件，業務要件に分けられる。

🐾開発プロセス　Chapter07-05

ソフトウェアを開発するプロセスです。

- システム方式設計（外部設計）
- ソフトウェア方式設計（内部設計）
- ソフトウェア詳細設計（プログラム設計）
- ソフトウェアコード作成（プログラミング）
- テスト
- システム導入（本番環境へ）

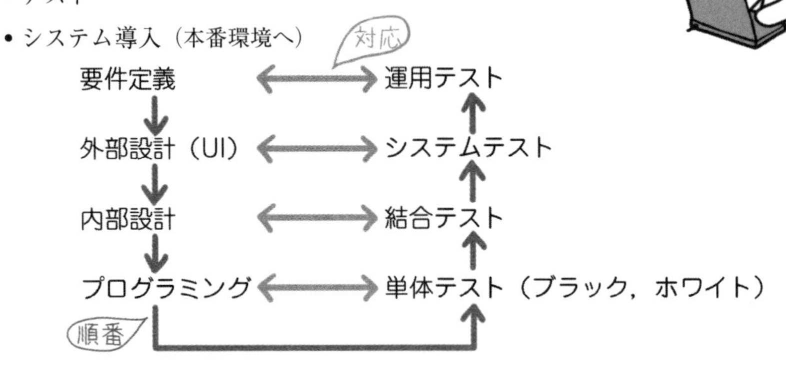

🐾保守プロセス　Chapter07-06

情報システムの維持，改善，機能拡張などをおこなうプロセスです。

- バグの改善
- 業務内容の変化に伴うシステム変更

🐾運用プロセス　Chapter08

開発したシステムを，ユーザ企業の本番環境で運用するためのプロセスです。

- システム運用
- 利用者教育

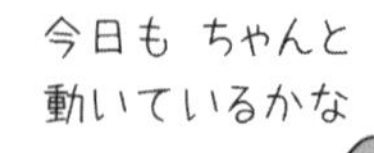

Chapter07-02

過去問演習

開発の全体像

Q 1　次の作業はシステム開発プロセスのどの段階で実施されるか。

実務に精通している利用者に参画してもらい，開発するシステムの具体的な利用方法について分析を行う。

ア　システム要件定義　　イ　システム設計
ウ　テスト　　エ　プログラミング

解説　システム開発プロセスでは，システム導入の概要やコストなどを「企画プロセス」で決定し，次に実務に精通している利用者が参画する「システム要件定義プロセス」で分析をおこなう。

正解　ア　（2020年秋期 問44）

開発の全体像

Q 2　システム化計画の立案はソフトウェアライフサイクルのどのプロセスに含まれるか。

ア　運用　　イ　開発　　ウ　企画　　エ　要件定義

解説　システム化計画の立案は企画プロセスに含まれるため，ウが正解とわかる。

▶ソフトウェアライフサイクルプロセス

- 企画プロセス…システム化計画，スケジュール作成，総コストの見積り
- 要件定義プロセス
- 開発プロセス
- 保守プロセス
- 運用プロセス

正解　ウ　（2014年春期 問21）

SLCP 開発プロセス全体

Q 3　システム開発プロセスを要件定義，外部設計，内部設計，プログラミングに分け，テストの種類を運用テスト，結合テスト，システムテスト，単体テストに分けたとき，図の a ～ c に入れる字句の適切な組合せはどれか。

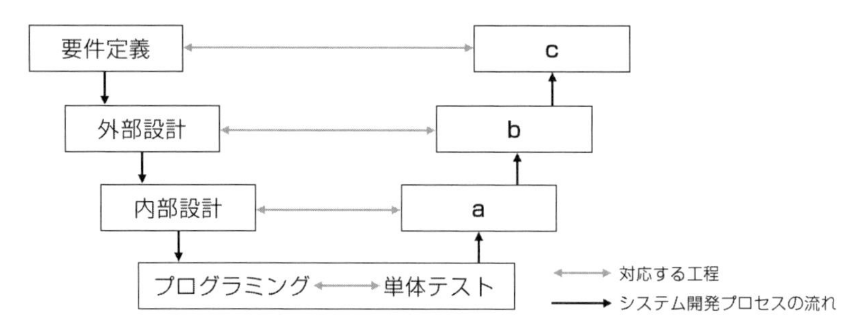

	a	b	c
ア	運用テスト	結合テスト	システムテスト
イ	結合テスト	システムテスト	運用テスト
ウ	システムテスト	運用テスト	結合テスト
エ	システムテスト	結合テスト	運用テスト

解説　この図は，開発の仕事をする上で非常に重要である。必ず覚えておこう。

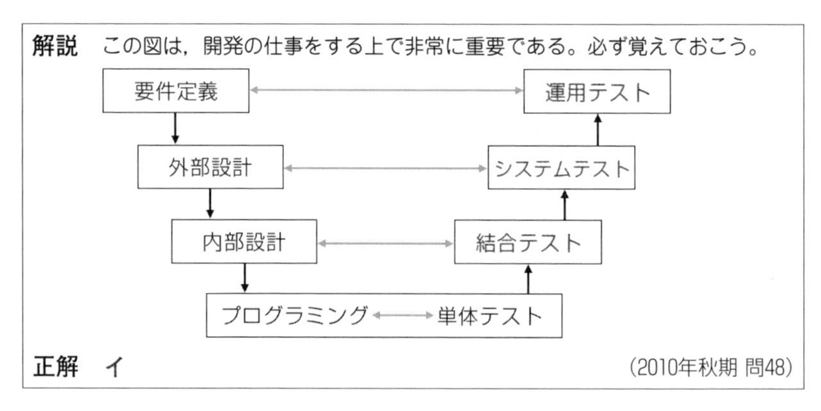

正解　イ

(2010年秋期 問48)

03　企画プロセス

E-R図とDFDが重要。

企画プロセスとは，事業目標を達成するために必要なシステム化の方針を決め，そのシステムを実現するための実施計画を作るプロセスです。

企画プロセスの内容

企画プロセスでおこなうことは，具体的には次のような事項です。

経営上のニーズと課題の分析

どのようなシステムが必要なのか。

改善したいことは何か。

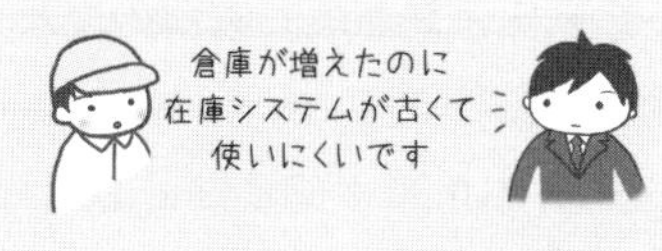

対象業務の分析

システム化する対象業務を確認・分析する。

システム導入の判断

システム導入，維持，管理にかかる総コスト（TCO）の見積もりをとる。

システム導入の費用対効果を分析する。

システム化計画

必要なシステムをどのように達成するのか計画する。

システム導入時におけるリスク分析

全体開発スケジュールを作成する。

TCO

TCO（Total Cost of Ownership）とは，コンピュータシステムの導入，維持・管理などにかかる**費用総額**のことです。経営者は，システムの導入による売上増加や経費削減の金額とTCOを比較して，システムを導入するかどうか判断します。

TCOに含まれるもの

① **導入にかかる費用**

② **導入後に発生する費用**（障害対応，運用，管理）

モデリング

モデリングとは，業務の流れをUMLで表現し，全体像を把握するシステム構築手法です。

UML（Unified Modeling Language）は，日本語では統一モデリング言語といわれ，何か一つの言語を表すのではなく，ダイアグラムなどモデリングをするためのツール全般を指します。

E-R図 重要！

E-R図（Entity Relationship Diagram）とは「実体(Entity)」「関連(Relationship)」「属性（Attribute)」でデータを表した図です。データベースを設計するときに用いられます。

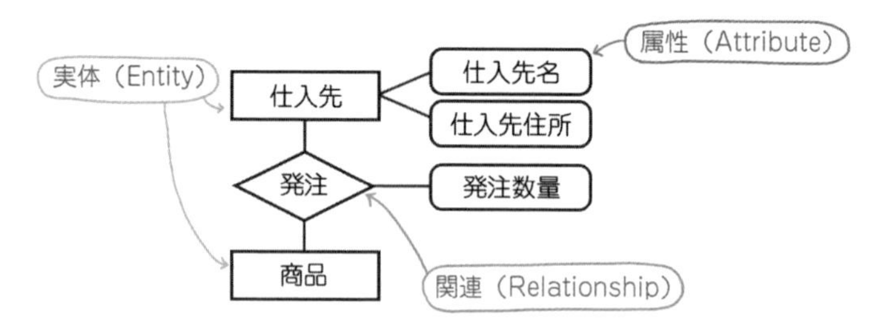

DFD

DFD (Data Flow Diagram) とは，データの流れを図にしたもので，データフロー図ともよばれます。

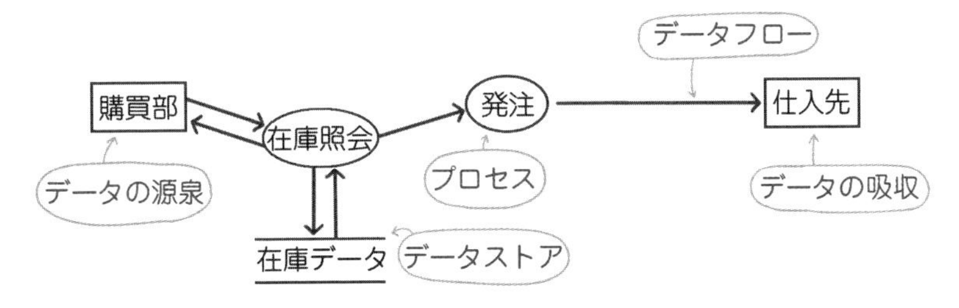

BPR

BPR (Business Process Re-engineering) とは，目標とする売上高や費用削減額を達成するため，**業務を抜本的に見直し**，**再設計**することをいいます。

BPM (Business Process Management)

業務の流れをプロセスごとに分析整理し，問題点を洗い出して継続的に業務の流れを改善することをいいます。BPRは一回限りの業務改善ですが，BPMの場合，継続的な改善を図る点が特徴です。

BPMN

BPMN (Business Process Model Notation) は，業務プロセスを可視化した表記法のことです。

RPA

RPA (Robotic Process Automation) は，人がコンピュータを使っておこなっているオフィス業務をロボットで自動化することです。

Chapter07-03

過去問演習

企画プロセス

Q 1　システム構築の流れを，企画プロセス，要件定義プロセス，開発プロセス，運用プロセス，保守プロセスに分けたとき，企画プロセスにおいて実施する作業として適切なものはどれか。

ア　システム化しようとする対象業務の問題点を分析し，実現すべき課題を定義する。

イ　システムに関係する利害関係者のニーズや要望，制約事項を定義する。

ウ　システムの応答時間や処理時間の評価基準を設定する。

エ　ソフトウェアの性能やセキュリティの仕様などに関する要件を文書化する。

解説　ソフトウェアライフサイクルの**企画プロセス**では，①**どのようなシステムが必要**なのか，②改善したいことは何か，③どのように達成するのか計画する。選択肢を見るとアが正解とわかる。

イ　要件定義プロセスで実施する作業。

ウ　開発プロセスで実施する作業。

エ　開発プロセスで実施する作業。

正解　ア　（2015年春期 問8）

企画プロセスで利用する図表

Q 2　あるレストランでは，受付時に来店した客の名前を来店客リストに記入し，座席案内時に来店客リストと空席状況の両方を参照している。この一連の作業をDFDで表現したものとして，最も適切なものはどれか。

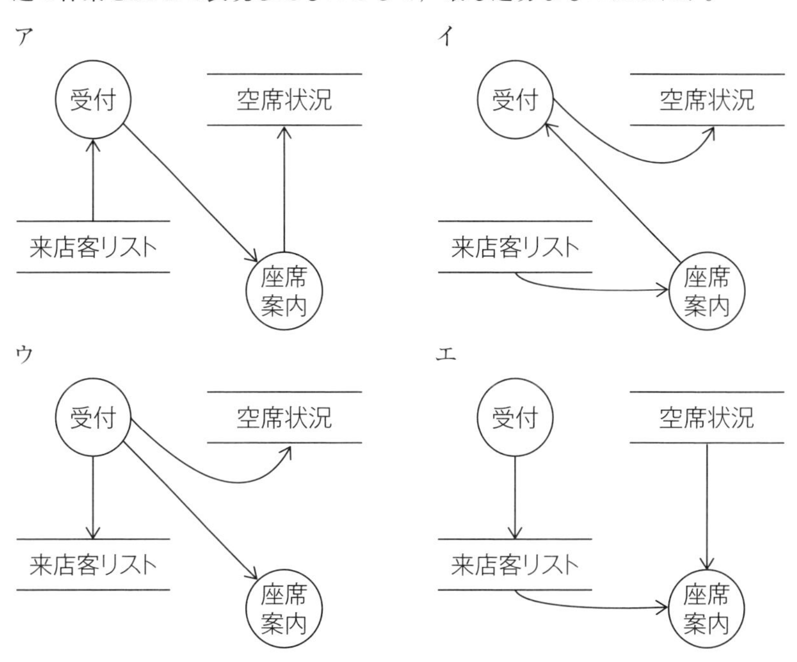

解説　DFD（データフロー図）は，システムのデータの流れを表した図。「受付」で記入された「来店客リスト」を，「座席案内時」に「空席状況」と参照するのでエの流れになる。

正解　エ　（2020年秋期 問11）

04 要件定義プロセス

3つの要件を覚える。

要件定義プロセスとは，利用者ニーズを把握したうえでシステム化の範囲と機能を明らかにし，利害関係者間で合意を形成するプロセスです。

要件定義と利害関係者の合意

要件定義は，ソフトウェアやシステムを作る前の段階で，**必要な機能や性能について確定**していくことをいいます。

ユーザ企業の中で，さらに，ユーザ企業と開発者の間で，要件定義について十分に話し合い，**合意**することが必要です。開発者は，要件定義にしたがい淡々と作業をおこなうため，要件定義の話し合いが不足していると後から大変なことになります。

システム要件定義　ハードウェアの内容についての要件定義

ソフトウェア要件定義　ソフトウェアの内容についての要件定義

3つの要件　重要！

要件定義プロセスで定義する要件には，次の3つがあります。

① **業務要件**　業務上で実現すべき要件

② **機能要件**　業務要件を実現するために必要な情報システムの機能に関する要件

▶**例**　システムの運用にかかる時間

③ **非機能要件**　パフォーマンスや信頼性など機能以外の要件

▶**例**　検索にかかる時間などシステムの処理性能

Chapter07-04

過去問演習

要件定義プロセス

Q 1　システム開発のプロセスには，システム要件定義，システム方式設計，システム結合テスト，ソフトウェア受入れなどがある。システム要件定義で実施する作業はどれか。

ア　開発の委託者が実際の運用と同様の条件でソフトウェアを使用し，正常に稼働することを確認する。

イ　システムテストの計画を作成し，テスト環境の準備を行う。

ウ　システムに要求される機能，性能を明確にする。

エ　プログラム作成と，評価基準に従いテスト結果のレビューを行う。

解説　システム要件定義では，必要な機能や性能について明確にする。ウが正解。
ア　受入れテストの説明。
イ　結合テスト，システムテストの説明。
エ　プログラミング，単体テストの説明。

正解　ウ　（2017年秋期 問55）

3つの要件

Q 2　ソフトウェアライフサイクルを，企画，要件定義，開発，運用のプロセスに分けたとき，要件定義プロセスの段階で確認又は検証するものはどれか。

ア　システム要件とソフトウェア要件の一貫性と追跡可能性

イ　ソフトウェア要件に関するソフトウェア設計の実現可能性

ウ　ユーザや顧客のニーズ及び要望から見た業務要件の妥当性

エ　割り振られた要件を満たすソフトウェア品目の実現可能性

解説　要件定義プロセスでは，利用者（利害関係者）が必要とする業務要件を確認し，検証する。ウが正解とわかる。なお，ア，イ，エは開発プロセスの段階で確認し，検証するものである。

正解　ウ　（2014年春期 問26）

05 開発プロセス

①10個のプロセスを覚える。
②何に対応するテストかを覚える。

開発プロセスは，実際にソフトウェアを開発するプロセスです。

開発プロセスの流れ 

開発においてはまず，システム方式設計などの設計図を書き，それに沿ってソフトウェアコード作成（プログラミング）をおこないます。プログラミングのことをコーディングとよぶこともあります。

開発は①から⑩の順番で行います。この10個のプロセスは非常に重要なので，必ず覚えておきましょう。

①システム方式設計（外部設計）

要件定義で決められた内容のうち，システムのハードウェア構成，ソフトウェア構成を明確にする。UI（ユーザインタフェース）についてもここで設計される。

補足 「UI」とは？

コンピュータとユーザ間の「情報のやり取り」のこと。

コンピュータの操作性にもつながる。

②ソフトウェア方式設計（内部設計）

要件定義で決められた内容のうち，ソフトウェアをどのように実現させるか決める。具体的には，サブシステム間のインタフェースについて設計する。

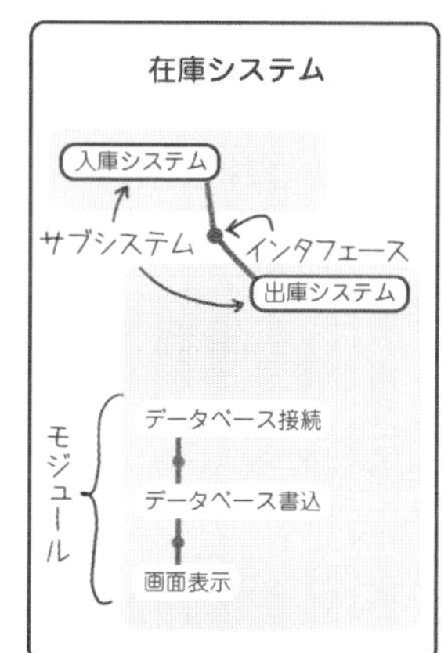

補足 「インタフェース」とは？

何かと何かをつなぐ境界・接合部のこと。

③ソフトウェア詳細設計（プログラム設計）

ソフトウェア方式設計で決められた内容をもとに，モジュールに分け，モジュール間のインタフェースを設計する。モジュールとは，システムを構成する要素のこと。

④ソフトウェアコード作成（プログラミング）

設計をもとにプログラムを作成する。

コンピュータへの指示文をソフトウェアコード（ソースコード/コード）という。

⑤単体テスト　「ソフトウェアコード作成」に対応するテスト

モジュールごとに，バグがないかテストする。バグとは，プログラムの誤りのこと。

🐾ブラックボックステスト

データを入力してみて，予想通り出力されるか確認する。

🐾ホワイトボックステスト

ロジックの網羅性も含め，予定通りプログラミングが書かれているか確認する。

⑥結合テスト　「ソフトウェア方式設計」に対応するテスト

複数のプログラムを組み合わせてテストする。

プログラム間のインタフェースが正常か確認する。

⑦**システムテスト** 「システム方式設計」に対応するテスト

システム全体が機能しているか，必要な性能を満たしているか，確認するためにテストする。

⑧**運用テスト** 「要件定義」に対応するテスト

本番環境に似た環境へテストデータを流し，予想通りの結果が得られるかテストする。

⑨**システム導入**

本番環境へソフトウェアを導入する。これまで稼働していたシステムを新しいシステムへ入れ替える場合には**システム移行**といいます。

⑩**受入れテスト**

委託側が実際の運用と同様の条件でソフトウェアを使用し，正常に稼働するかを確認した上で，問題がなければ納入が行われる。利用者マニュアルを使って，システム利用者への教育訓練が行われる。

テストの対応関係は次のようになります。

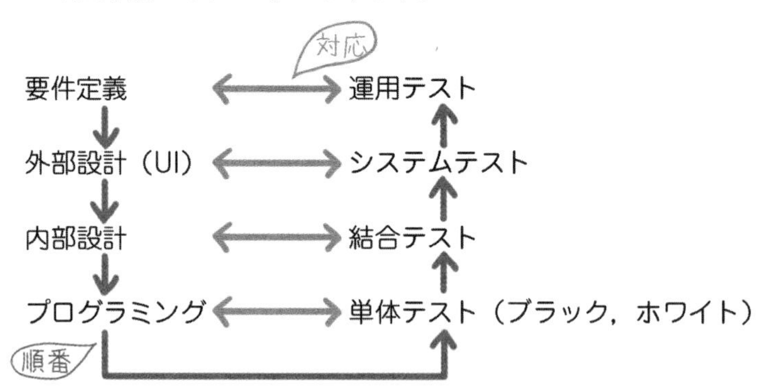

リグレッションテスト

リグレッションテストは，回帰テスト，退行テストともいわれ，プログラムの一部を変更したことで，ほかの箇所に不具合が発生しないか確認するテストです。

仕様書

各種設計書とは別に，仕様書(しようしょ)を作成することがあります。システムで実現すべき機能などを記載します。

ソフトウェアコードの品質

ソフトウェア詳細設計（プログラム設計）で重要なのが，**ソフトウェアコードの品質**です。ソフトウェアコードの品質を表す指標はいくつかありますが，代表的なものが「保守性」と「可読性」です。

保守性

コードの修正しやすさのこと。

可読性

コードの読みやすさのこと。

変数(へんすう)の命名規則やコメントの記載方法などプログラムの標準的な記述方式を定めることで，誰が読んでも読みやすいコードになります。

デバッグ

デバッグとは，プログラムの**バグを取り除く**作業です。

コードレビュー

コードレビューとは，プログラム作成者が記述したコードを第三者が読み，**誤りや改善点**を見つけることです。

単にプログラムのバグを取り除くのであれば，デバッグだけで十分ですが，コードレビューをすることでコードの可読性が高まるなどのメリットがあります。

Chapter07-05

過去問演習

システム方式設計（外部設計）

Q１　システム開発プロセスには，システム要件定義，システム方式設計，ソフトウェア方式設計，ソフトウェア詳細設計などがある。システム方式設計において実施する作業として，適切なものはどれか。

ア　システムで使用する端末の画面設計を行う。

イ　システムの機能及び能力を定義する。

ウ　システムの信頼性を定義する。

エ　システムのハードウェア構成，ソフトウェア構成を明確にする。

解説　システム方式設計の特徴は，ハードウェアとソフトウェアの構成である。エが正解。イ，ウについては「～を定義する＝要件定義」と考えるとわかりやすい。

ア　ソフトウェア方式設計で実施する作業。

イ　システム要件定義で実施する作業。

ウ　システム要件定義で実施する作業。

正解　エ　（2010年秋期 問41）

単体テスト

Q２　開発者Aさんは，入力データが意図されたとおりに処理されるかを，プログラムの内部構造を分析し確認している。現在Aさんが行っているテストはどれか。

ア　システムテスト　　イ　トップダウンテスト

ウ　ブラックボックステスト　　エ　ホワイトボックステスト

解説　「プログラムの内部構造を分析」との文言より，エのホワイトボックステストが正解とわかる。

▶ ブラックボックステスト

データを入力してみて，予定通り出力されるか，確認する。

▶ ホワイトボックステスト

予定通りプログラミングが書かれているか，確認する。

正解　エ　（2014年春期 問34）

テスト

Q 3　納入されたソフトウェアの一連のテストの中で，開発を発注した利用者が主体となって実施するテストはどれか。

ア　受入れテスト　　　イ　結合テスト

ウ　システムテスト　　エ　単体テスト

解説　単体テスト，結合テスト，システムテストを行い正常に動作することが確認されたソフトウェアを，最後に**受入れテスト**で実際に利用者が使用し確認する。

正解　ア　(2020年秋期 問36)

システムテスト

Q 4　システムテストで実施する作業の説明として，適切なものはどれか。

ア　検出されたバグを修正したときには，バグを検出したテストケースだけをやり直す。

イ　正常な値を入力したときのテストを優先し，範囲外の値の入力や必須項目が未入力のときのテストは省略する。

ウ　設計書の仕様に基づくだけでなく，プログラムのコードを理解し，不具合を修正しながらテストする。

エ　ソフトウェアの機能的なテストだけでなく，性能などの非機能要件もテストする。

解説　システムテストの特徴は，①**システム全体が機能しているか**，②**必要な性能を満たすか**を確かめること。つまり，動作するかどうかだけでなく，動作の速度や応答時間が当初の目標を満たしているか，性能を確かめることを含む。

ア　バグを検出したテストケースだけでなく，すべてやり直す。

イ　入力したときのテストだけでなく，未入力のときのテストも実施する。

ウ　システムテストでは，コードから不具合を発見するホワイトボックステストではなく，ブラックボックステストを実施することが一般的である。

正解　エ　(2013年秋期 問35)

06 保守プロセス

ソフトウェア保守とハードウェア保守では何を行うかを理解する。

保守プロセスとは，稼働している情報システムについて，維持，改善，機能拡張などをおこなうプロセスです。

ソフトウェア保守とハードウェア保守

情報システムの**維持**，**改善**，**機能拡張**を具体的に見ていきます。

ソフトウェア保守

ソフトウェアについての維持，改善，機能拡張

①本番環境で見つかったバグの修正

テストで発見できなかった**初期不良**の修正もこれに含まれます。

初期不良への対応は**稼働直後が最も多く**，しだいに減っていきます。

②処理性能，安定率を向上する改善

障害を引き起こす可能性のあるプログラムを**あらかじめ修正**することも含みます。

ハードウェア保守

ハードウェアについての維持，改善，機能拡張

▶**例**　記憶装置の容量を拡張する　など

Chapter07-06

過去問演習

保守

Q 1　ソフトウェア保守に該当するものはどれか。

ア　新しいウイルス定義ファイルの発行による最新版への更新

イ　システム開発中の総合テストで発見したバグの除去

ウ　汎用コンピュータで稼働していたオンラインシステムからクライアントサーバシステムへの再構築

エ　プレゼンテーションで使用するPCへのデモプログラムのインストール

解説　ソフトウェアの保守とは，①本番環境で見つかったバグの修正，②処理性能，安定率を向上する改善。アが正解。

正解　ア　(2015年秋期 問42)

保守

Q 2　ソフトウェア保守で実施する活動として，適切なものはどれか。

ア　システムの利用者に対して初期パスワードを発行する。

イ　新規システムの開発を行うとき，保守のしやすさを含めたシステム要件をシステムでどのように実現するか検討する。

ウ　ベンダに開発を委託した新規システムの受入れテストを行う。

エ　本番稼働中のシステムに対して，法律改正に適合させるためにプログラムを修正する。

解説　ソフトウェア保守とは，稼働しているソフトウェアについて，維持，改善，機能拡張などを行うこと。エが正解。

ア　システム導入で実施する内容。

イ　ソフトウェア方式設計で実施する内容。

ウ　受入れテストで実施する内容。

正解　エ　(2017年秋期 問39)

07 プロジェクトマネジメント

①システム開発手法を覚える。
②プロジェクトマネジメント手法の図を何のために使うのか理解する。

ここまで，システム開発の流れを学んできました。システム開発ではたくさんの人と時間を管理するためのプロジェクトマネジメントが必要になります。

システム開発手法

システム開発手法には次のようなものがあります。

構造化手法

システムの機能に着目してソフトウェアの構造を決定する。

オブジェクト指向

結果として動作するモノに着目してプログラミングをする考え方。

ユースケース

ユーザとシステムのやり取りを明確にすること。

UML（Unified Modeling Language）

記法が統一されたモデリング言語。

DevOps（デブオプス）

開発担当者と運用担当者が連携して協力する開発手法。

システム開発モデル

システム開発には，次のような手法が用いられます。

ウォーターフォールモデル

上流工程から下流工程へ順に進めます。

特徴　○長所　進捗管理が容易

×短所　最後にできた成果物がユーザーの期待していたものと違った場合大幅な手戻りが生じる可能性がある。

🐾プロトタイピングモデル

ユーザインタフェースだけを実装した試作ソフトウェア（これをプロトタイプという）を早い段階で作成し，利用者から早めにフィードバックをもらいます。

特徴　○長所　大幅な手戻りを避け，リスクと費用を削減する。

×短所　プロジェクトマネジメントが困難で，大規模プロジェクトには向かない。

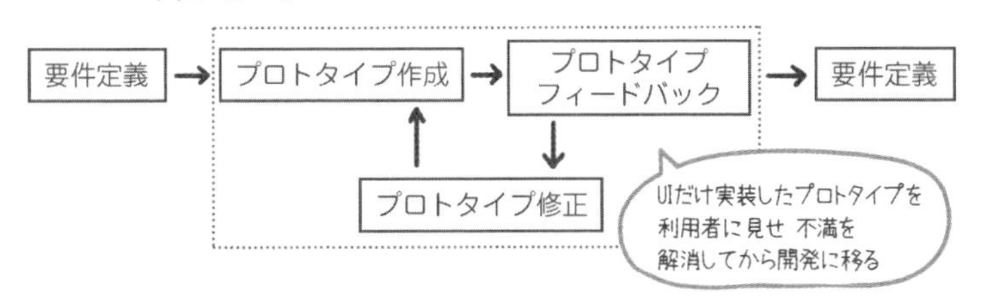

🐾スパイラルモデル

システムを分割して，部分ごとに設計とプロトタイピングを繰り返します。

特徴　○長所　スケジュールの予測がしやすい，仕様変更に対応しやすい。

×短所　プロトタイプ作成の時間を要す。

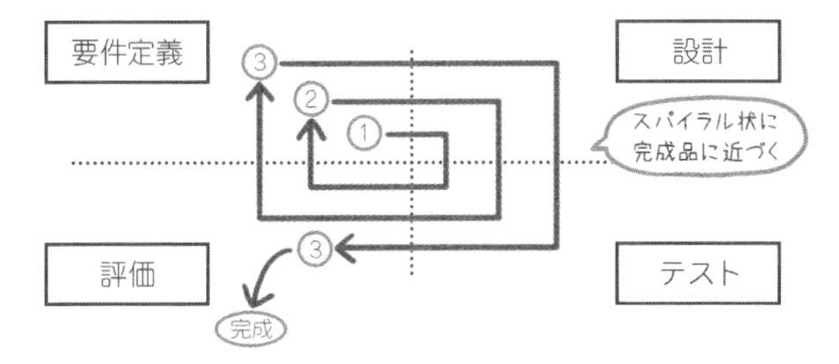

🐾RAD

RAD（Rapid Application Development）とは，ユーザを含む少人数のチームで開発を進め，プロトタイプの作成・評価の流れを繰り返し，完成品に近づけていきます。

🐾アジャイル

アジャイルとは，環境の変化や要望に，迅速かつ柔軟に対応するソフトウェア開発手法です。

プロジェクトマネージャ

プロジェクトマネジメントには，プロジェクトの責任者であるプロジェクトマネージャが必要です。

プロジェクト立ち上げ時におこなうこと

プロジェクトマネージャを任命し**責任や権限を明確**にします。

プロジェクトマネージャの役割

- プロジェクトの**進捗を把握**し，人に**指示を出す**こと
- プロジェクト関係者とのコミュニケーション

どのような報告をいつ，だれに対してどのような方法でおこなうか，プロジェクトの開始時点で決めておきます。

プロジェクト計画書

プロジェクトの進め方について，プロジェクト計画書を作成することも必要です。どのような内容を，どのような手法で記載するか見ていきましょう。

プロジェクト憲章

プロジェクトの目的を記載します。

プロジェクトマネージャの3つの制約

① **対象範囲**

WBS（P.161参照）を使い，コスト見積もり，スケジュール，責任分担を記載します。

② **納期**

アローダイアグラム（P.161参照），ガントチャート（P.162参照）を使います。

マイルストーンと目標期日を記載します。

③ **予算**

ファンクションポイント法（P.162参照）を使います（LOC法，COCOMO法などもある）。

主要スタッフ，予想コスト，作業工数を記載します。

リスクマネジメント計画書

リスクチェックリスト（P.163参照）を使います。

プロジェクトマネジメント手法

プロジェクト計画書で使われるマネジメント手法について，詳しく学んでいきます。

アローダイアグラム（別名：PERT（パート））

アローダイアグラムとは，プロジェクトの作業日数を矢印（アロー）で表したものです。下の図がアローダイアグラムです。

アローダイアグラムの①から⑥まで，最長で何日かかるのかという考え方が**クリティカルパス**です。アローダイアグラムの日数が多い経路を足すので，下の図では245日となります。

クリティカルパスで通過する作業日数を削減すると，必要な日数を短縮できます。クリティカルパスを見つけ出すことを**クリティカルパス分析**といいます。

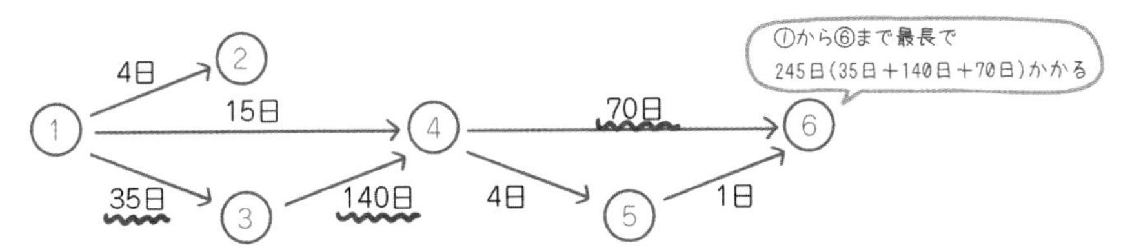

WBS

WBS（ダブリュービーエス）（Work Breakdown Structure）とは，プロジェクト全体を細かい作業に分割し，階層化することです。

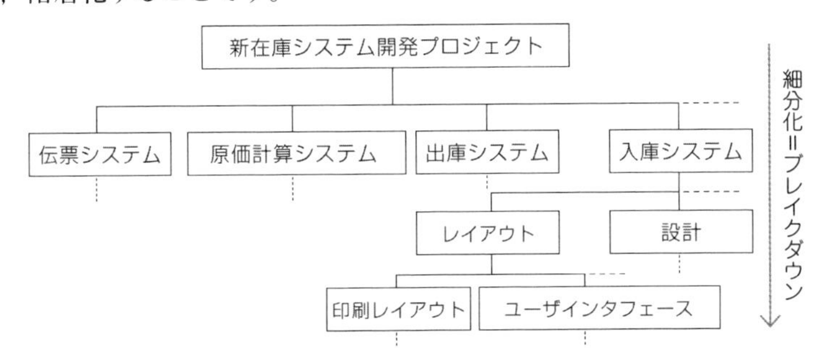

🐾ガントチャート

ガントチャートとは，縦軸に細かい作業内容を書き，横軸に日時を書きこんだスケジュール表のようなものです。下の図がガントチャートです。

ガントチャートに記入する，進捗を把握するために重要な区切りとなる時点を**マイルストーン**といいます。本来の意味（1マイルごとに置かれた標石）を考えると覚えやすいです。

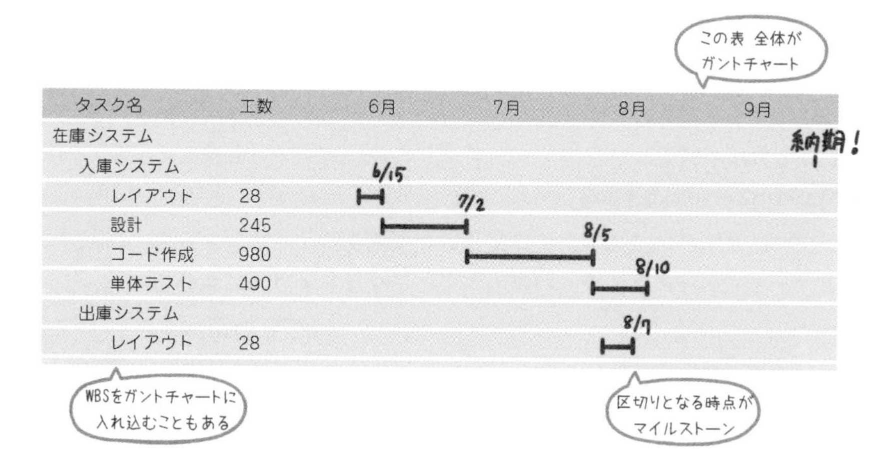

🐾ファンクションポイント法

ファンクションポイント法とは，ソフトウェアの**機能の数**をもとに，開発の規模を見積もる手法です。

	複雑度	ポイント
入庫システム レイアウト	低	3
入庫システム 設計	高	10
入庫システム コード作成	中	6
入庫システム 単体テスト	中	6

🐾その他の規模を見積もる手法

- LOC法：LOC(Line Of Control) 法とは，**プログラムの行数**で開発の規模を見積もる方法
- COCOMO法：LOC法をベースに，複雑度や開発環境などを**補正**して開発の規模を見積もる方法

🐾リスクチェックリスト

リスクチェックリストとは，システム開発にかかわるリスクを洗い出しチェックリスト形式にしたものです。

	チェック
コードの誤りはないか	✓
社内の規定に即したセキュリティが確保できているか	✓
要件定義の機能を満たしているか	

PMBOKの知識エリア

PMBOK（ピンボック）とは，国際的に標準とされているプロジェクトマネジメントの知識体系です。マネジメントを10個の知識エリアに分類しています。

① プロジェクト統合マネジメント（作業の調整）
② プロジェクト・スコープ・マネジメント（作業の範囲を明確にする）
③ プロジェクト・タイム・マネジメント（スケジュールの調整）
④ プロジェクト・コスト・マネジメント（予算の管理）
⑤ プロジェクト品質マネジメント（品質の管理）
⑥ プロジェクト人的資源マネジメント（人の確保）
⑦ プロジェクト・コミュニケーション・マネジメント（情報の伝達）
⑧ プロジェクト・リスク・マネジメント（リスクの識別と対策）
⑨ プロジェクト調達マネジメント（外部からの資源調達）
⑩ プロジェクト・ステークホルダ・マネジメント（利害関係者の把握）

CMMI

CMMI（シーエムエムアイ）（Capability Maturity Model Integration：能力成熟度モデル統合）とは，システム開発組織におけるプロセスの成熟度を５段階のレベルで定義したモデルのことです。

Chapter07-07

過去問演習

システム開発手法

Q 1　ソフトウェア開発プロジェクトにおいて，上流工程から順に工程を進めることにする。要件定義，システム設計，詳細設計の工程ごとに完了判定を行い，最後にプログラミングに着手する。このプロジェクトで適用するソフトウェア開発モデルはどれか。

ア　ウォーターフォールモデル　　イ　スパイラルモデル

ウ　段階的モデル　　エ　プロトタイピングモデル

解説　上流工程から「要件定義→システム設計→プログラミング→テスト」と進める開発手法をウォーターフォールモデルという。アが正解とわかる。

イ　スパイラルモデルとは，システムを分割して，部分ごとに設計とプロトタイピングを繰り返す開発モデル。

ウ　段階的モデルとは，ユーザの要求する順序に合わせて，機能を段階的に提供していく開発モデル。

エ　プロトタイピングモデルとは，試作ソフトウェア（プロトタイプ）を早い段階で作成し，利用者から早めにフィードバックをもらう開発モデル。

正解　ア　（2013年秋期 問34）

システム開発手法

Q 2　開発対象のソフトウェアを，比較的短い期間で開発できる小さな機能の単位に分割しておき，各機能の開発が終了するたびにそれをリリースすることを繰り返すことで，ソフトウェアを完成させる。一つの機能の開発終了時に，次の開発対象とする機能の優先順位や内容を見直すことで，ビジネス環境の変化や利用者からの要望に対して，迅速に対応できることに主眼を置く開発手法はどれか。

ア　アジャイル　　イ　ウォーターフォール

ウ　構造化　　エ　リバースエンジニアリング

解説　「ビジネス環境の変化や利用者からの要望に対して，迅速に対応」する開発手法はアジャイルなので，アが正解とわかる。

正解　ア　（2020年秋期 問37）

プロジェクトの進め方

Q 3　利用部門からの要望を受けて，開発部門でシステム開発のプロジェクトを立ち上げた。プロジェクトマネージャの役割として，最も適切なものはどれか。

ア　システムの要件を提示する。

イ　プロジェクトの進捗を把握し，問題が起こらないように適切な処置を施す。

ウ　プロジェクトの提案書を作成する。

エ　プロジェクトを実施するための資金を調達する。

解説　プロジェクトマネージャの役割は，プロジェクトの進捗を把握し，人に指示を出すこと。イが正解。

ア　システムの発注者の役割。

ウ 「利用部門から要望を受けて」いるので，今回の提案書は利用部門が作成したことがわかる。仮に，プロジェクトマネージャが提案段階から関わる場合は，プロジェクトマネージャが提案書を作成することになる。

エ　財務部門やCFOの役割。

正解　イ　　(2010年秋期 問42)

プロジェクトの計画書

Q 4　プロジェクトの人的資源の割当てなどを計画書にまとめた。計画書をまとめる際の考慮すべき事項に関する記述のうち，最も適切なものはどれか。

ア　各プロジェクトメンバの作業時間の合計は，プロジェクト全期間を通じて同じになるようにする。

イ　プロジェクト開始時の要員確保が目的なので，プロジェクト遂行中のメンバの離任時の対応は考慮しない。

ウ　プロジェクトが成功することが最も重要なので，各プロジェクトメンバの労働時間の上限は考慮しない。

エ　プロジェクトメンバ全員が各自の役割と責任を明確に把握できるようにする。

解説 試験では，**極端な選択肢は誤り**である。プロジェクトメンバ全員が各自の役割と責任を明確に把握できるようにすることは適切であり，エが正解とわかる。

ア 各プロジェクトメンバの作業時間の合計は，同じになるようにする必要はない。

イ プロジェクト開始時だけでなく遂行期間の要員確保が目的であり，プロジェクト遂行中のメンバの離任時の対応も考慮する必要がある。

ウ 各プロジェクトメンバの労働時間は，就業規則や労働基準法に準拠する必要があり，労働時間の上限を考慮する必要がある。

正解 エ (2013年春期 問34)

プロジェクトの進め方

Q 5 ソフトウェアの開発に当たり，必要となる作業を階層構造としてブレークダウンする手法はどれか。

ア CMM　イ ITIL　ウ PERT　エ WBS

解説 **階層構造**との文言より，エのWBSとわかる。試験にはWBSが良く出るので，必ず覚えておこう。

ア CMMとは**能力成熟度モデル**のこと。能力成熟度モデルとは，システム開発に必要なプロセスを組織の成熟度レベルに応じて導入できるように体系的にまとめたモデル。

イ ITILとは，ITサービスを運用管理するための方法を体系的にまとめた**成功事例集**。

ウ PERTとは，**アローダイアグラム**のこと。プロジェクトの作業日数を矢印で表したもの。

正解 エ (2017年春期 問39)

プロジェクトマネジメント手法

Q 6 プロジェクトマネジメントのために作成する図のうち，進捗が進んでいたり遅れていたりする状況を視覚的に確認できる図として，最も適切なものはどれか。

ア WBS　イ ガントチャート　ウ 特性要因図　エ パレート図

解説 「**進捗**」を「**確認できる図**」は，イの**ガントチャート**である。

ア WBSは，作業を分けて，階層化する図。

ウ 特性要因図は，結果と原因を整理した魚の骨のような図。

エ パレート図は，重要な項目を把握するために使用される，棒グラフと折れ線グラフを組み合わせた図。

正解 イ (2012年春期 問31)

プロジェクトマネジメント手法

Q 7　システム開発の見積方法として，類推法，積算法，ファンクションポイント法などがある。ファンクションポイント法の説明として，適切なものはどれか。

ア　WBSによって洗い出した作業項目ごとに見積もった工数を基に，システム全体の工数を見積もる方法

イ　システムで処理される入力画面や出力帳票，使用ファイル数などを基に，機能の数を測ることでシステムの規模を見積もる方法

ウ　システムのプログラムステップを見積もった後，1人月の標準開発ステップから全体の開発工数を見積もる方法

エ　従来開発した類似システムをベースに相違点を洗い出して，システム開発工数を見積もる方法

解説　ファンクションポイント法とは，ソフトウェアの**機能の数**をもとに，開発の規模を見積もる方法。イが正解。

ア　WBSの説明。

ウ　LOC法の説明。

エ　類推法の説明。

正解　イ　(2017年春期 問37)

PMBOK

Q 8　PMBOKについて説明したものはどれか。

ア　システム開発を行う組織がプロセス改善を行うためのガイドラインとなるものである。

イ　組織全体のプロジェクトマネジメントの能力と品質を向上し，個々のプロジェクトを支援することを目的に設置される専門部署である。

ウ　ソフトウェアエンジニアリングに関する理論や方法論，ノウハウ，そのほかの各種知識を体系化したものである。

エ　プロジェクトマネジメントの知識を体系化したものである。

解説　PMBOKとは，国際的に標準とされているプロジェクトマネジメントの知識体系のこと。エが正解。

ア　CMMI（Capability Maturity Model Integration）の説明。

イ　PMO（Project Management Office）の説明。

ウ　SWEBOK（Software Engineering Body of Knowledge）の説明。

正解　エ　(2015年春期 問41)

Chapter08

システム運用

01　サービスマネジメント

サービスマネジメントの内容を理解する。

システムを運用するには，ユーザからの問い合わせに対応する必要があります。問い合わせ内容は障害発生，システム変更の依頼などさまざまです。

ITIL

ITIL（アイティル）（Information Technology Infrastructure Library）とは，ITサービスを運用管理するための方法を体系的にまとめた**成功事例集**です。ITサービスマネジメントに関する多くの事例が書かれています。

サービスデスク（ヘルプデスク）

サービスデスクとは，**問い合わせ窓口**のことをいいます。問い合わせに迅速に回答するために導入されます。

サービスデスクでは，ユーザから受けた問い合わせを適切な担当者に割り振り，サービスデスクから連絡を受けた担当者が問題の修正などにあたります。

電話で問い合わせを受ける以外に，次のような形式もあります。

- **FAQ**：頻繁に質問される事項の回答を事前に用意しておくこと
- **チャットボット**：AIを利用した自動会話プログラム
- **エスカレーション**：上長の指示を仰ぐこと

Chapter08-01

過去問演習

サービスマネジメント

Q１　サービス提供者と顧客双方の観点から，提供されるITサービスの品質の継続的な測定と改善に焦点を当てているベストプラクティスをまとめたものはどれか。

ア　ITIL　　　　イ　共通フレーム

ウ　システム管理基準　　　　エ　内部統制

解説　ITサービスの「ベストプラクティス（成功事例）をまとめたもの」はITILである。

正解　ア　（2020年秋期 問38）

サービスデスク

Q２　システム障害が発生した際，インシデント管理を担当するサービスデスクの役割として，適切なものはどれか。

ア　既知の障害事象とその回避策の利用者への紹介

イ　システム障害対応後の利用者への教育

ウ　障害が発生している業務の代行処理

エ　障害の根本原因調査

解説　システム障害が発生した際，サービスデスクは利用者に対してまずは回避策を伝える役割を担っている。

正解　ア　（2020年秋期 問47）

02 障害対応

①障害対応の流れを理解する。
②インシデント管理は試験によく出る。

システムを運用するにあたって，障害はつきものです。企業の業務の多くがシステムに依存していることから，システムの不具合は企業の業務を著しく損ねます。正しく迅速に障害対応をおこなう必要があります。

障害対応の流れ 

障害対応について①～③の流れを見ていきましょう。

①連絡を受ける

ユーザから障害発生の連絡を受ける。
サービスデスクから連絡があることもある。

②インシデント管理

正常なサービス運用の回復を優先した**暫定的対応**と迅速な復旧が大切である。

補足 「インシデント」とは？

「障害」「サービス品質の低下を起こすもの」という意味。

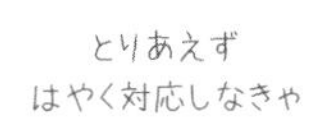

③問題管理

インシデントの根本原因を追究する。
再発を防ぐ**恒久的な対応**を行う。

03 構成管理

構成管理とは何かを理解する。

システムの運用におけるサービスサポートの１つに構成管理があります。

構成管理

構成管理とは，ハードウェア，ソフトウェア，**文書化**など情報システムの構成を管理することです。具体的には次のような事項が含まれます。

機能の一貫性を管理

変更が加えられても機能が一貫しているか，管理している。

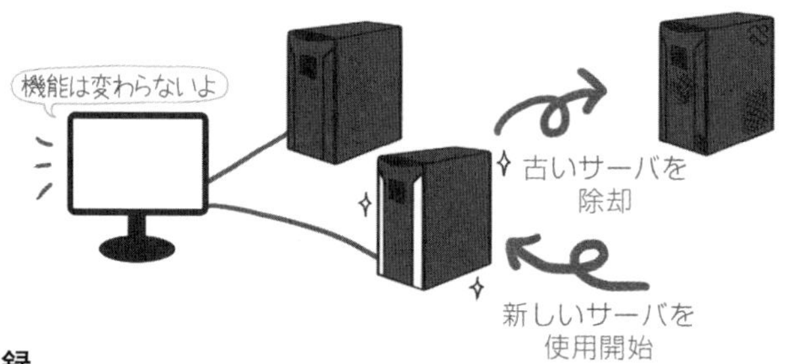

変更の記録

変更が加えられたときに，適切に記録する。

IT資産　管理台帳

ハードウェア

H00001	サーバVS１W	2005/２/５	使用中
H00002	サーバVS１X	2013/１/15	除却
H00003	サーバVS１Y	2013/１/16	使用中
H00004	デスクトップ	2010/３/４	使用中
H00005	ノートパソコン	2013/１/16	除却
…			

ソフトウェア

S00001	顧客管理ソフト	2005/３/20	使用中
…			

Chapter08-02〜03

過去問演習

インシデント管理

Q 1　業務で使用するPCにおいてプログラムに不具合があり，PCが操作不能になる現象がサービスデスクに報告された。ITサービスマネジメントにおけるインシデント管理で実施する作業として，適切なものはどれか。

ア　PCを再起動して操作可能にする手順を指示する。
イ　修正したプログラムをPCに配布する計画を立てる。
ウ　修正したプログラムをテストする。
エ　プログラムの不具合を修正する。

解説　インシデント管理の特徴は，一時的な回避方法をおこない，できる限り早く復旧すること。PCが操作不能というインシデント（障害）が起きたので，PCを操作可能にするのが最優先で解決するべきこと。アが正解とわかる。
イはリリース管理。ウは変更管理。エは問題管理。

正解　ア　(2011年特別 問35)

構成管理

Q 2　サービスサポートにおける管理機能のうち，ハードウェア，ソフトウェアといったIT資産を網羅的に洗い出し，IT資産の管理台帳に記録し管理するものはどれか。

ア　インシデント管理　　イ　構成管理
ウ　問題管理　　エ　リリース管理

解説　「IT資産」「管理」との文言より，イの構成管理が正解とわかる。
ア　インシデント管理は，障害への一時的な対策をおこない，最優先で復旧すること。
ウ　問題管理は，障害の根本的な原因を把握し，対策をおこなうこと。
エ　リリース管理は，システムの変更を実際に使えるようにすること。

正解　イ　(2010年春期 問41)

04 変更管理

変更管理とは何かを理解する。

システムの運用におけるサービスサポートの１つに変更管理があります。

変更管理

変更管理とは，システムの変更にともなうリスクを**事前に想定して対策**しておくことで，変更がおこなわれたときに障害や不具合が発生するのを防ぐことです。

変更要求への評価

変更要求への評価基準
A システムの運用が滞るもの
B 顧客に迷惑がかかるもの

システム部門でおこなわれる計画変更，またユーザからの変更要求を，**どのような評価基準で実施に移すか**を考えます。人員や資金などのリソースは限られているため，変更要求すべてを実施するわけにはいきません。

評価は，変更によるメリットと，コストやデメリットを考慮してなされる必要があります。

変更の承認

誰がどのような基準で変更を**承認**するか，事前に決めておく必要があります。

変更の実施

承認された変更について**計画**を立て，**確実に実施**されるようにします。

05　リリース管理

リリース管理とは何かを理解する。

システムの運用におけるサービスサポートの１つにリリース管理があります。

リリース管理

リリース管理とは，変更管理で承認された**変更**の，**本番環境への適用**（リリース）を管理することです。

リリース管理の目的

システム本番環境への変更が正しくおこなわれることがリリース管理の目的です。

リリース管理の内容

- 本番環境へ適用するための**計画**（リリースしてよい状態か確認することを含む）
- 本番環境へ適用するための**承認**

バージョン管理

企業では，変わりゆく業務に対応するため，システムの一部修正や全部入れ替えなどを繰り返します。バージョン管理とは，システムの変更があるたびに「どこがどう変わったのか」管理することです。

回帰テスト（リグレッションテスト）

回帰（かいき）テスト（リグレッションテスト）とは，プログラムに変更を加えたとき，**想定外の新たな不具合**が発生していないか確認するテストのことをいいます。

Chapter08-04～05

過去問演習

変更管理

Q 1　情報システムの運用における変更管理に関する記述として，適切なものはどれか。

ア　ITサービスの中断による影響を低減し，利用者ができるだけ早く作業を再開できるようにする。

イ　障害の原因を究明し，再発防止策を検討する。

ウ　承認された変更を実施するための計画を立て，確実に処理されるようにする。

エ　変更したIT資産を正確に把握して目的外の利用をさせないようにする。

解説　変更管理は，システムの変更を計画，実施すること。ウが正解とわかる。
ア　インシデント管理の説明。
イ　問題管理の説明。
エ　構成管理の説明。

正解　ウ　（2011年秋期 問39）

リリース管理

Q 2　ITサービスマネジメントにおけるリリース管理の説明として，適切なものはどれか。

ア　インシデントが発生した根本原因を突き止め，問題の再発を防ぐ。

イ　インシデント発生時に，迅速に通常のサービス運用を回復する。

ウ　組織で使用しているIT資産を正確に把握し，不適切な使用をさせない。

エ　変更管理で承認された変更を稼働環境に適用する。

解説　リリース管理は，システムの変更を本番環境で使えるようにすること。エが正解。
ア　問題管理の説明。
イ　インシデント管理の問題。
ウ　構成管理の説明。

正解　エ　（2011年春期 問40）

06 ITサービスマネジメント

SLAの目的と項目例を覚える。

ITサービスマネジメントとは，ITに関するサービスを提供する企業が，顧客の要求事項を満たすため，**サービスを効果的に提供することをいいます。**

ITサービスマネジメントの流れ

ITサービスマネジメントの流れは，理解しやすいようにPDCA（ピーディーシーエー）サイクルにあてはめてみましょう。

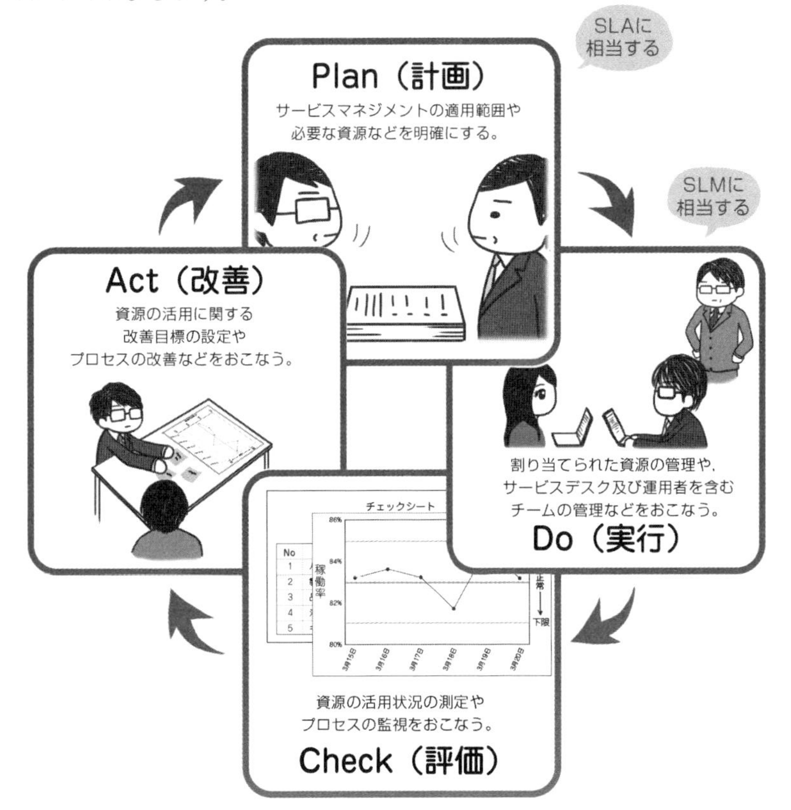

SLA（サービスレベル合意書）

SLA（Service Level Agreement）とは，サービスの提供者と利用者との間で**合意**した，**サービスの内容や品質**のことをいいます。

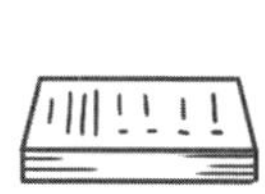

SLAの目的

サービスの範囲と品質を明確にすることがSLAの目的です。

SLAの項目例

可用性…継続して稼働できる能力。サービス時間，稼働率など。
信頼性…安定して稼働できる能力。復旧時間など。
性　能…オンライン応答時間，バッチ処理時間など。
拡張性…機能の拡張しやすさ。カスタマイズ，外部接続性など。
機密性…セキュリティのレベル。

SLM

SLM（Service Level Management）とは，SLAを監視，改善する活動のことをいいます。

Chapter08-06

過去問演習

ITサービスマネジメント

Q 1　ITサービスマネジメントを説明したものはどれか。

ア　ITに関するサービスを提供する企業が，顧客の要求事項を満たすために，運営管理されたサービスを効果的に提供すること

イ　ITに関する新製品や新サービス，新制度について，事業活動として実現する可能性を検証すること

ウ　ITを活用して，組織の中にある過去の経験から得られた知識を整理・管理し社員が共有することによって効率的にサービスを提供すること

エ　企業が販売しているITに関するサービスについて，市場占有率と業界成長率を図に表し，その位置関係からサービスの在り方について戦略を立てること

解説　「ITサービス」「**顧客の要求事項を満たす**」との文言より，アが正解。
イ　フィージビリティスタディの説明。
ウ　ナレッジマネジメントの説明。
エ　PPM（プロダクトポートフォリオマネジメント）の説明。サービスを金のなる木，花形，問題児，負け犬の4つに分ける図を使う。経営用語。

正解　ア　（2009年秋期 問42）

SLA

Q 2　ITサービスマネジメントにおいて，サービス提供者がSLAの内容を合意する相手は誰か。

ア　ITサービスを利用する組織の責任者

イ　サービスデスクの責任者

ウ　システム開発の発注先

エ　不特定多数を対象として外部に公開しているWebサイトの利用者

解説　**SLA**（Service Level **Agreement**）の特徴は，①提供者と利用者の間，②サービスの**品質**や**内容**の**合意**。アが正解。

正解　ア　（2015年秋期 問41）

SLA

Q 3　SLAのサービスレベルの項目は，可用性，信頼性，性能などに分けられる。可用性に分類されるものはどれか。

ア　オンライン応答時間　　イ　外部接続性

ウ　サービス時間　　エ　通信の暗号化レベル

解説　**可用性**は，**継続して稼働**できる能力。ウのサービス時間が正解。
ア　性能に分類される。
イ　拡張性に分類される。
エ　機密性に分類される。

正解　ウ　（2011年秋期 問46）

SLA

Q 4　経理部では新たな財務会計パッケージを使用することになり，このパッケージを搭載した新サーバがベンダから納品された。サーバの運用管理は情報システム部が行うことになった。利用者部門である経理部と，運用部門である情報システム部の間で，サービスレベルの観点で合意すべき事項に関する記述a～dのうち，適切なものだけをすべて挙げたものはどれか。

a　財務会計パッケージを利用可能な時間帯

b　新サーバ購入費用の情報システム部との負担割合

c　新サーバをベンダから受け入れる際のテスト項目

d　データのバックアップの取得範囲と頻度

ア　a　　イ　a，b　　ウ　a，d　　エ　c，d

解説　「**サービスレベル**」とは，**サービスの品質**のこと。
a　利用者が受けるサービスに関する内容であり，合意すべき事項。
b　費用に関する内容で，利用者が受けるサービスに関する内容ではない。
c　受け入れテストに関する内容で，利用者が受けるサービスに関する内容ではない。不適切。
d　利用者が受けるサービスに関する内容であり，合意すべき事項。
以上より，a，dが適切なので，ウが正解とわかる。

正解　ウ

補足「ベンダ」とは？
業務を請け負う会社。IT業界では，日常的に使用される用語なので，必ず覚えておこう。　（2011年春期 問38）

07 ファシリティマネジメント

安全を保つ仕組みの種類を覚える。

運用プロセスの一連の流れからは外れますが，重要な用語について学びます。

安全を保つ仕組み

故障や**操作**ミスがあった場合でも安全を保つ仕組みを，**あらかじめプログラム**しておくことがあります。たとえばストーブが倒れた時に自動で火が消える仕組みをプログラムしておくことが該当します。

フェールセーフ（fail safe）
　故障が発生しても，**安全が保てるように**しておく仕組み

フールプルーフ（fool proof）
　操作ミスが発生しても，**安全が保てるように**しておく仕組み

フェールソフト（fail soft）
　障害が発生した際に，**正常な部分だけを動作**させ，全体に支障をきたさないようにすること

フォールトトレラント（fault tolerant）
　障害が発生した際に，**全体としての機能を失わないようにすること**

ファシリティマネジメント

ファシリティマネジメントでは**施設・建設物の最適化**をおこないます。

Chapter08-07

過去問演習

ファシリティマネジメント

Q 1　情報システムの設備を維持・保全するファシリティマネジメントに関する記述はどれか。

ア　情報システムの開発プロジェクトを成功させるために，スケジュール，予算，人的資源などを管理する。

イ　情報システムの障害監視やバックアップの取得などを管理する。

ウ　情報システムを稼働させているデータセンタなどの施設を管理する。

エ　情報システムを使用するためのユーザIDとパスワードを管理する。

解説　ファシリティマネジメントの特徴は，「**施設・建設物**」に関すること。ウが正解とわかる。

ア　プロジェクトマネジメントの説明。

イ　システム運用業務の説明。

エ　アカウント管理の説明。

正解　ウ　（2015年春期 問36）

ファシリティマネジメント

Q 2　情報システムで管理している機密情報について，ファシリティマネジメントの観点で行う漏えい対策として，適切なものはどれか。

ア　ウイルス対策ソフトウェアの導入

イ　コンピュータ室のある建物への入退館管理

ウ　情報システムに対するIDとパスワードの管理

エ　電子文書の暗号化の採用

解説　ファシリティマネジメントは，施設や建設物を最適化すること，つまり「実物のあるものに対する管理」なので，イが正解とわかる。

正解　イ　（2016年秋期 問37）

08　ミーティングと実行

アイデアを計画へ落とし込む流れを理解する。

企業では，戦略を練る・分析結果を検討する場面などでミーティング（会議）をおこないます。ここでは，効率的なミーティング手法を学びます。

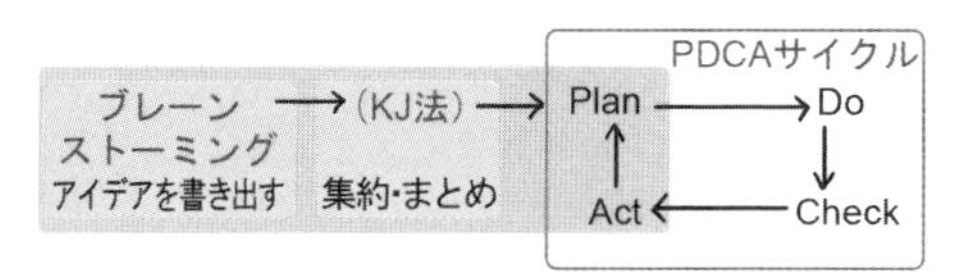

ブレーンストーミング

アイデアを出すためにおこなわれる会議の方法です。

ポイント
1　自由にどんどん意見を出す。
2　意見に対する批判や判断をおこなう事は禁止する。
3　アイデアの質より量を重視する。
4　他人のアイデアを結合・改善・発展させる。

PDCAサイクル　重要！

会議で決めた内容を計画に落とし込み，実行します。実行後，評価と改善をおこなうことで，業務がレベルアップしていきます。

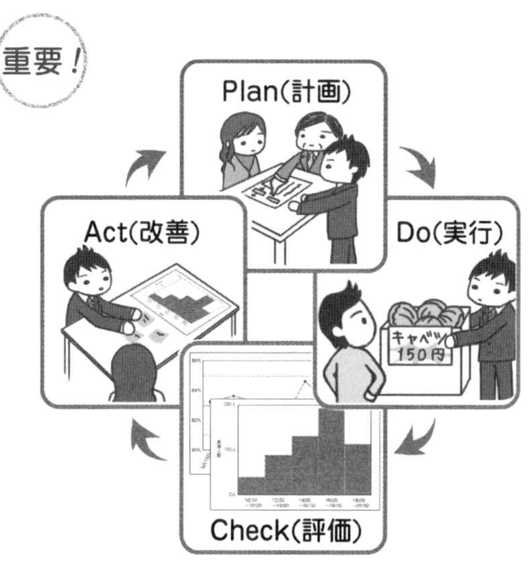

Chapter08-08

過去問演習

PDCA

Q1　経営管理の仕組みの１つであるPDCAのCによって把握できるものとして，最も適切なものはどれか。

ア　自社が目指す中長期のありたい姿

イ　自社の技術ロードマップを構成する技術要素

ウ　自社の経営計画の実行状況

エ　自社の経営を取り巻く外部環境の分析結果

解説　PDCAのCはCheck（点検，評価）であり，ウの「実行状況」を点検・評価することがCによって把握できるものである。ウが正解となる。

ア　Planで把握できるもの。

イ　Planで把握できるもの。

エ　Actで把握できるもの。

正解　ウ　（2011年春期 問８）

会議の手法

Q2　新人事システム開発プロジェクトの遂行に当たって，どのようなことがリスクとなり得るかを洗い出すために，プロジェクトチームメンバである企画部，人事部，情報システム部の担当者が集まり，プロジェクトに関して思い付くリスクを自由に出し合った。このような手法を何というか。

ア　ウォークスルー　　イ　クリティカルパス法

ウ　シミュレーション　　エ　ブレーンストーミング

解説　チームメンバが集まり，リスクに関する意見の「洗い出し」と「自由に出し合った」という文言より，エのブレーンストーミングが正解とわかる。

ア　ウォークスルーとは，製品開発の工程の１つで，プログラムの仕様などに誤りがないかどうかを，プログラム全体を処理の流れを追いながら，チェックすること。

イ　クリティカルパス法とは，製品開発のプロジェクト管理に使われるスケジュールを管理する手法。

ウ　シミュレーションとは，実際におこなったときの結果を予測するため，模擬的にプログラム上などで，試験すること。

正解　エ　（2012年春期 問50）

09　内部統制

①内部統制の4つの目的を理解する。
②内部統制の6つの要素を覚える。

内部統制はコーポレートガバナンス（P.11）の一環で，**企業の業務を正しくおこなうためのしくみのこと**をいいます。会社法および金融商品取引法で定められています。

内部統制4つの目的

内部統制は**経営者が最終責任者**で，経営者と従業員がみんなで運用していきます。内部統制は**4つの目的**を達成するために構築されます。

目的①　業務の有効性及び効率性

マニュアル化やPDCAを取り入れた仕組みを作る。

目的②　財務報告の信頼性

売上などを正確に計算できる仕組みを作る。

目的③　法令等の遵守

法律を守れる仕組みを作る。

目的④　資産の保全

モノを盗まれないように管理する仕組みを作る。

内部統制６つの要素

内部統制の４つの目的を達成するために必要になる，６つの要素を学んでいきます。このうち，モニタリングがよく出題されています。

①　統制環境

経営方針，取締役会，監査役会の機能，社内の役割と権限など，全体の基盤となる仕組み。

②　リスクの評価と対応

リスクを書き出し，評価・改善する。

③　統制活動

実際の業務の中で内部統制を実行すること。権限の付与，職務分掌などが含まれる。職務分掌とは各部門の職務の内容，責任，権限を定めたもの。

④　情報と伝達

必要な情報が把握されること，また，必要な情報が企業内外の関係者に正しく伝えられること。

⑤　モニタリング

内部統制が有効か否か，継続的に評価する。

⑥　ITへの対応

業務で利用するITをコントロールする。

IT統制

IT統制は，ITに係る全般統制や業務処理統制などに分類されます。また，ITにかかわる統制を，コーポレートガバナンスから派生したITガバナンスという考え方で表すこともあります。

全般統制

それぞれの業務処理統制が有効に機能する環境を保証する統制活動のことを「全般統制」といいます。

▶例　システム開発管理
　　　システム運用管理
　　　システムに係る外部委託先のモニタリング

業務処理統制

業務を管理するシステムにおいて承認された業務がすべて正確に処理，記録されることを確保するための統制活動のことを「業務処理統制」といいます。

▶例　人事システムの利用者を限定するアクセス管理
　　　経理システムのマスタデータの維持管理
　　　入力情報がすべて正しく計算されて出力されることの確保

ITガバナンス

ITへの投資やリスクを継続的に最適化するための組織的なしくみ。

BCP（事業継続計画）

BCP（Business Continuity Plan）とは，自然災害などが発生したときに企業の重要な事業が中断しないようにあらかじめ準備することです。早期復旧するための方法や手段を取りまとめておきます。

BCM（事業継続管理）

BCM（Business Continuity Management）とは，BCPが実際に機能するように管理を行うことです。具体的にはBCPの作成，BCP実施，改善を行います。

Chapter08-09

過去問演習

内部統制

Q 1　企業においてITガバナンスを確立させる責任者は誰か。

ア　株主　　イ　経営者

ウ　システム監査人　　エ　システム部門長

解説　ITガバナンスとは，ITへの投資やリスクを継続的に最適化するための組織的なしくみ。ITガバナンスという言葉は，内部統制を含むコーポレートガバナンスから派生しており，ITガバナンスにおいても責任者は経営者である。イが正解。

正解　イ　（2017年秋期 問49）

内部統制

Q 2　情報システム部門が受注システム及び会計システムの開発・運用業務を実施している。受注システムの利用者は営業部門であり，会計システムの利用者は経理部門である。財務報告に係る内部統制に関する記述のうち，適切なものはどれか。

ア　内部統制は会計システムに係る事項なので，営業部門は関与せず，経理部門と情報システム部門が関与する。

イ　内部統制は経理業務に係る事項なので，経理部門だけが関与する。

ウ　内部統制は財務諸表などの外部報告に影響を与える業務に係る事項なので，営業部門，経理部門，システム部門が関与する。

エ　内部統制は手作業の業務に係る事項なので，情報システム部門は関与せず，営業部門と経理部門が関与する。

解説　内部統制は「経営者と従業員がみんなで運用する」仕組みで，全ての部門が関与することが大切。

正解　ウ　（2020年秋期 問52）

内部統制

Q 3　会社を組織的に運営するためのルールのうち，職務分掌を説明したものはどれか。

ア　会社の基本となる経営組織，職制を定めたもの

イ　各部門の職務の内容と責任及び権限を定めたもの

ウ　従業員の労働条件などの就業に関する事項を定めたもの

エ　法令，各種規制や社会的規範に照らして正しく行動することを定めたもの

解説　職務分掌とは職務の内容，責任，権限を定めたものである。イが正解。
ア　定款の説明。
ウ　就業規則の説明。
エ　企業倫理規定の説明。

正解　イ　(2016年春期 問26)

内部統制

Q 4　IT統制は，ITに係る全般統制や業務処理統制などに分類される。全般統制はそれぞれの業務処理統制が有効に機能する環境を保証する統制活動のことをいい，業務処理統制は業務を管理するシステムにおいて承認された業務が全て正確に処理，記録されることを確保するための統制活動のことをいう。統制活動に関する記述のうち，業務処理統制に当たるものはどれか。

ア　外部委託を統括する部門による外部委託先のモニタリング

イ　基幹ネットワークに関するシステム運用管理

ウ　人事システムの機能ごとに利用者を限定するアクセス管理の仕組み

エ　全社的なシステム開発・保守規程

解説　問題文の全般統制と業務処理統制の定義から判断する。個々の業務システムに関するものは業務処理統制と考えると解きやすい。ウは業務で利用する人事システムに関する統制活動であるため，業務処理統制に該当する。ウが正解とわかる。ア，イ，エは個別の業務システムに関する統制活動ではないので，全般統制に該当する。

正解　ウ　(2013年秋期 問28)

災害への対応

Q 5 地震，洪水といった自然災害，テロ行為といった人為災害などによって企業の業務が停止した場合，顧客や取引先の業務にも重大な影響を与えることがある。こうした事象を想定して，製造業のX社は次の対策を採ることにした。対策aとbに該当する用語の組合せはどれか。

［対策］

a　異なる地域の工場が相互の生産ラインをバックアップするプロセスを準備する。

b　準備したプロセスへの切換えがスムーズに行えるように，定期的にプロセスの試験運用と見直しを行う。

	a	b
ア	BCP	BCM
イ	BCP	SCM
ウ	BPR	BCM
エ	BPR	SCM

解説　自然災害や人為災害に対して，事業を継続するための対策は，BCP（Business Continuity Plan）とBCM（Business Continuity Management）の２つ。正解はア。

a　BCPの説明。

b　BCMの説明。

正解　ア　（2015年秋期 問７）

10　システム監査

①システム監査の目的と種類を理解する。
②システム監査の流れを理解する。

企業の情報システムを，**独立した立場の人がチェック**することをシステム監査といいます。企業の情報システムを構築したり，運用したりしている人は独立した立場ではないため，システム監査をおこなうことができません（システム監査人になれません）。

システム監査の目的

システム監査はITガバナンスの一環として行われ，情報システムが①②の状態であると保証することが目的です。システム監査は**システム監査基準**に則っておこなわれます。
①**整備**されていること（きちんと動く仕組みがあるか）
②**運用**されていること（従業員が使っているか）

システム監査の種類

システム監査は「誰が監査するか」によって2つに分けられます。
外部監査　　企業外の第三者機関がおこなう。
内部監査　　企業内の監査部門がおこなう。
内部監査においても，企業の情報システムを構築したり運用したりしている人はシステム監査をしてはいけません。システム監査を行う人を**システム監査人**といいます。

実践規範

システム監査基準にしたがって，監査をおこないます。

■システム監査の流れ

システム監査の流れはPDCAサイクル（P.183）と同じです。

どのシステムをどのように監査するか，**監査計画**を立て，**監査を実施**します。そして企業の情報システムがきちんと整備・運用できているか監査報告書で**結果を報告**し，報告を受けたシステム部門や経営者は指摘事項をフォローアップして改善します。

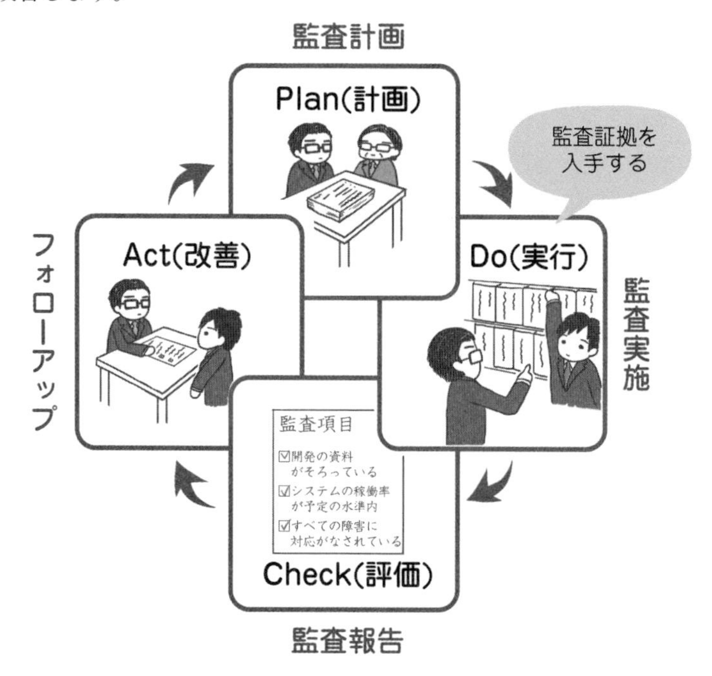

Chapter08-10

過去問演習

システム監査

Q 1　システム監査に関する説明として，適切なものはどれか。

ア　ITサービスマネジメントを実現するためのフレームワークのこと

イ　情報システムに関わるリスクに対するコントロールが適切に整備・運用されているかどうかを検証すること

ウ　品質の良いソフトウェアを，効率よく開発するための技術や技法のこと

エ　プロジェクトの要求事項を満足させるために，知識，スキル，ツール及び技法をプロジェクト活動に適用させること

解説　「情報システム」「コントロール」との文言より，イが正解とわかる。
ア　ITILの説明。
ウ　ソフトウェアエンジニアリングの説明。
エ　プロジェクトマネジメントの説明。

正解　イ　(2017年秋期 問44)

システム監査

Q 2　システム監査の目的に関して，次の記述中のa，bに入れる字句の適切な組合せはどれか。

情報システムに関わるリスクに対するコントロールの適切な整備・運用について，<a>のシステム監査人が<b>することによって，ITガバナンスの実現に寄与する。

	a	b
ア	業務に精通した主管部門	構築
イ	業務に精通した主管部門	評価
ウ	独立かつ専門的な立場	構築
エ	独立かつ専門的な立場	評価

解説　システム監査は独立した立場の監査人が，システムの整備・運用を評価することなので，エが正解。

正解　エ　(2020年秋期 問41)

システム監査

Q 3　システム監査の実施内容に関する記述のうち，適切なものはどれか。

ア　ISO9001に基づく品質マネジメントシステムを，品質管理責任者が構築し運営する。

イ　開発担当者が自ら開発したシステムの内容をテストする。

ウ　情報システムのリスクに対するコントロールが適切に整備・運用されているかを，監査対象から独立した第三者が評価する。

エ　専用のソフトウェアを使って，システム管理者がシステムのセキュリティホールを自ら検証する。

解説　システム監査は，部門から**独立したシステム監査人**が，ルール通りに業務がおこなわれているか**チェック**すること。ウが正解とわかる。

その他の選択肢について，アは品質マネジメント，イはシステムテスト，エは脆弱性の検証に関する説明である。

正解　ウ　　（2013年春期 問51）

システム監査

Q 4　委託に基づき他社のシステム監査を実施するとき，システム監査人の行動として，適切なものはどれか。

ア　委託元の経営者にとって不利にならないように監査を実施する。

イ　システム監査を実施する上で知り得た情報は，全て世間へ公開する。

ウ　指摘事項の多寡によって報酬を確定できる契約を結び監査を実施する。

エ　十分かつ適切な監査証拠を基に判断する。

解説　システム監査では，**十分かつ適切な監査証拠**を基にシステムの整備・運用状況を判断するのでエが正解。

ア　必要があれば経営者にとって不利になることも報告する。

イ　守秘義務があるので監査報告書のみ公開する。

ウ　監査の性質上，このような契約は結ぶことができない。

正解　エ　　（2020年秋期 問48）

Part Ⅲ

テクノロジ系

出題数　**45**/100問

▶パソコンの専門用語

▶パソコンが動いている仕組み

▶プログラミングや図表の名前

Chapter09

データベース

01　データベース

✏ 内容を理解したら，過去問が解けるように練習しよう。

データベースとは，大量のデータを保存しておく場所です。大量のデータであふれているデータベースから，いかに効率的に必要とするデータを取り出すかが重要です。

データベースの正規化

データベースの正規化とは，データベースの中に「同じデータ」が複数存在しないようにすることです。正規化と反対の概念として冗長性があります。

正規化 ⟷ 冗長性

正規化	冗長性
データの重複をなくすこと データの一貫性を保つことにつながる	データが重複している状態

集合　重要！

データベースを扱うとき，集合の考え方が必要になります。集合を視覚的に見やすくしたものがベン図です。

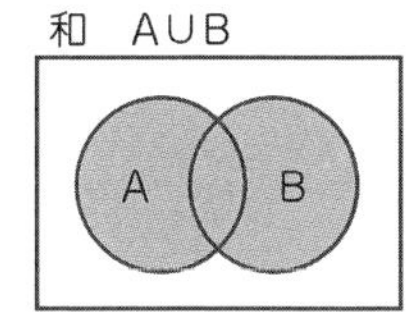

AおよびB…つまりA+B

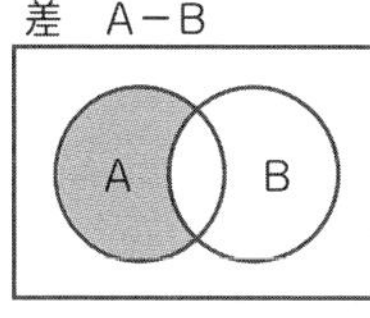

AからBをマイナス

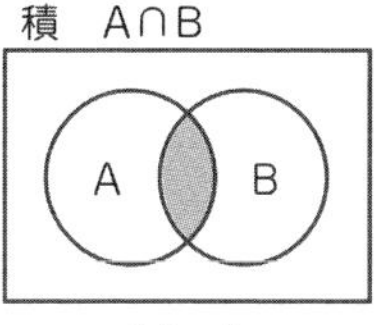

AかつB

デ ー タベースの基礎知識

データベースで使われるパーツの名称などを学びます。

パーツの名称

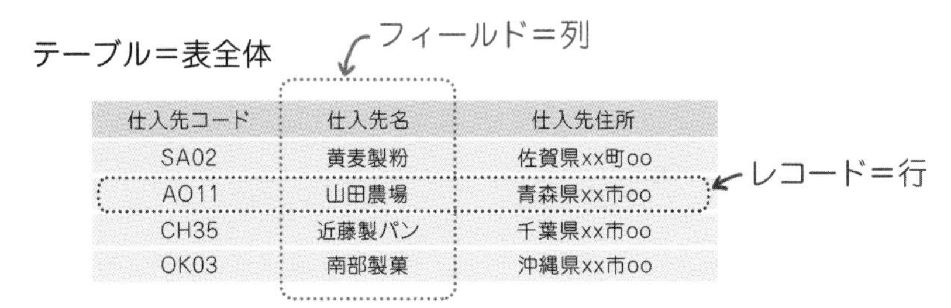

仕入先コード	仕入先名	仕入先住所
SA02	黄麦製粉	佐賀県xx町oo
AO11	山田農場	青森県xx市oo
CH35	近藤製パン	千葉県xx市oo
OK03	南部製菓	沖縄県xx市oo

コード設計

仕入先名だけでなく，仕入先名に対応したコードをつけることをコード設計といいます。わかりやすいコードをつけることで，データの検索がしやすくなったり，データを分類することができるようになります。

インデックス

インデックスは，日本語で索引という意味です。データに適切なインデックスをつけることで，検索しやすくなったり，検索時間が短縮されたりします。

関係データベースの仕組み

関係データベースの問題は複雑に感じるかもしれませんが，そんなことはありません。主キー，外部キーの役割と関係データベースのしくみを理解しておけば，パズルのように楽しく簡単に解くことができます。

主キー

属性（列）で，レコード（行）を一意に識別できるようにするものです。

特徴

①重複していない（同じ在庫No.は２つない）

②対応するレコードが１つ（ある在庫No.を指定すると対応する行が１つ指定できる）

主キー以外でも検索や演算をすることはできます。

外部キー

他に参照するデータがあるキーを外部キーといいます。

外部キーがあることで，データの一貫性を保つことにつながります。

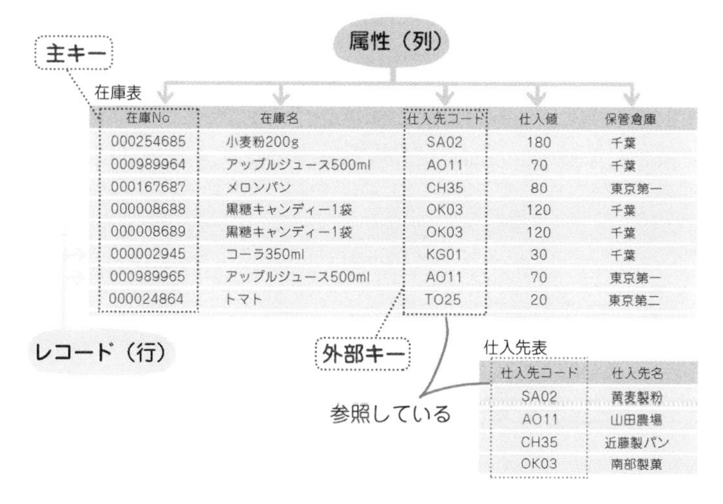

主キーと外部キーの関係

主キーと外部キーの関係は次のようになっています。

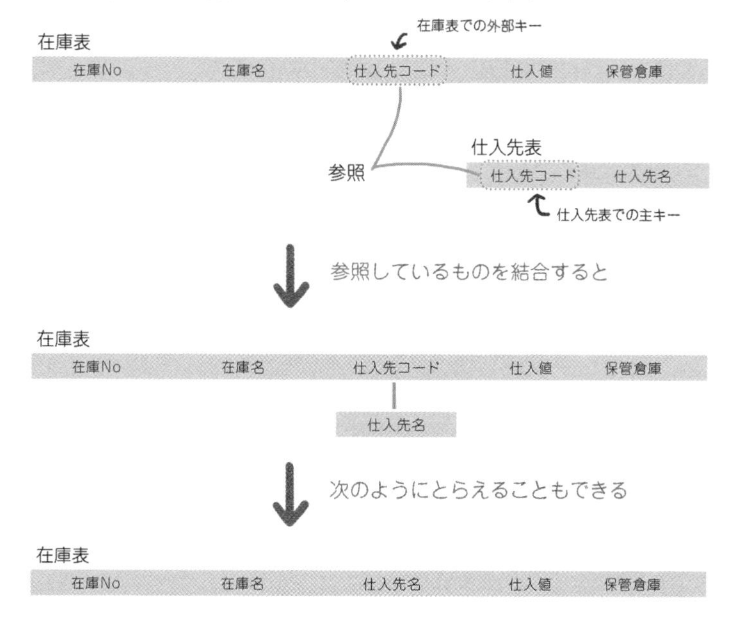

ch.
09
データベース

Chapter09-01

過去問演習

データベースの用語

Q 1　関係データベースに関する記述中のa，bに入れる字句の適切な組合せはどれか。

関係データベースにおいて，レコード（行）を一意に識別するための情報を［ a ］と言い，表と表を特定の［ b ］で関連付けることもできる。

	a	b
ア	エンティティ	フィールド
イ	エンティティ	レコード
ウ	主キー	フィールド
エ	主キー	レコード

解説　主キーを使うと，複数のフィールド（列）と関連でき，対応するレコード（行）は1つになる。列は複数，行は1行をイメージする。
次の用語は大切なので覚えておこう。
エンティティ…データベースにおける実体のこと。
主キー…①重複していない，②対応するレコードが1つとなる列のこと。a。
フィールド…表の列のこと。b。
レコード…表の行のこと。以上より，ウが正解とわかる。

正解　ウ　（2011年春期 問72）

ベン図

Q 2　次のベン図の黒色で塗りつぶした部分の検索条件はどれか。

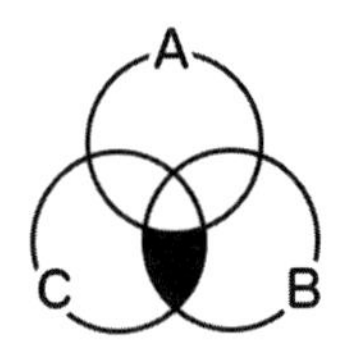

ア　(not A) and B and C
イ　(not A) and (B or C)
ウ　(not A) or (B and C)
エ　(not A) or (B or C)

解説　図を見ると，“Aではない”＋“BかつC”という意味なので，アが正解。

正解　ア　（2009年春期 問71）

主キー

Q 3　関係データベースの主キーに関する記述のうち，適切なものはどれか。

ア　各表は，主キーだけで関係付ける。

イ　主キーの値として，同一のものがあってもよい。

ウ　主キーの値として，NULLをもつことができない。

エ　複数の列を組み合わせて主キーにすることはできない。

解説　主キーの特徴は，①重複していない，②対応するレコードが1つ。NULLとは空白のことで，主キーの値がNULLの場合，対応するレコードが選択できなくなる。よって，主キーの値はNULLをもつことができない。ウが正解。

ア　各表は，主キーと外部キーによって関連付ける。

イ　主キーは重複していないことが条件なので，同一のものがあってはならない。

エ　複数の列を組み合わせて主キーとすることはできる（複合主キー）。

正解　ウ　（2014年春期 問64）

関係データベース

Q 4　関係データベースにおいて，表Aと表Bの積集合演算を実行した結果はどれか。

表A

品名	価格
ガム	100
せんべい	250
チョコレート	150

表B

品名	価格
せんべい	250
チョコレート	150
どら焼き	100

ア

品名	価格
ガム	100
せんべい	250
チョコレート	150
どら焼き	100

イ

品名	価格
ガム	100
せんべい	500
チョコレート	300
どら焼き	100

ウ

品名	価格
せんべい	500
チョコレート	300

エ

品名	価格
せんべい	250
チョコレート	150

解説　積集合は，両方に入っている要素を集めたものなので，表Aにも表Bにも入っている「せんべい250」と「チョコレート150」が該当する。

正解　エ　(2020年秋期 問73)

組み合わせ

Q 5　“空港”表と“ダイヤ”表がある。F空港から出発し，K空港に到着する時刻が最も早い予約可能な便名はどれか。

空港コード	空港名
A0001	T空港
A0002	K空港
A0003	F空港

便名	出発空港コード	到着空港コード	出発時刻	到着時刻	予約状況
IPA101	A0003	A0002	12：10	13：05	満席
IPA201	A0003	A0001	12：15	13：35	可能
IPA301	A0003	A0002	12：45	13：40	可能
IPA401	A0002	A0003	13：05	13：55	可能
IPA501	A0003	A0002	13：40	14：35	可能
IPA601	A0001	A0003	12：40	14：00	満席

ア　IPA101　　イ　IPA201　　ウ　IPA301　　エ　IPA501

解説　ダイヤを見ながら，条件にあるものに✔を付けて判断する。

①F空港（A0003）から出発　→　IPA101，IPA201，IPA301，IPA501
②K空港（A0002）に到着　→　IPA101，IPA301，IPA501
③予約が可能なもの　→　IPA201，IPA301，IPA401，IPA501

便名	出発空港コード	到着空港コード	出発時刻	到着時刻	予約状況
IPA101	A0003 ✔	A0002 ✔	12：10	13：05	満席
IPA201	A0003 ✔	A0001	12：15	13：35	可能 ✔
IPA301	A0003 ✔	A0002 ✔	12：45	13：40	可能 ✔
IPA401	A0002	A0003	13：05	13：55	可能 ✔
IPA501	A0003 ✔	A0002 ✔	13：40	14：35	可能 ✔
IPA601	A0001	A0003	12：40	14：00	満席

この①～③をすべて満たすものは，IPA301，IPA501の２つ。到着時間が最も早いのは，**IPA301**であり，ウが正解。

正解　ウ　(2011年春期 問62)

デシジョンテーブル

Q 6　業務の改善提案に対する報奨を次の表に基づいて決めるとき，改善額が200万円で，かつ，期間短縮が3日の改善提案に対する報奨は何円になるか。ここで表は，条件が成立の場合はYを，不成立の場合はNを記入し，これらの条件に対応したときの報奨を○で表してある。

条件	改善額100万円未満	Y	Y	N	N
	期間短縮1週間未満	Y	N	Y	N
報奨	5,000円	○			
	10,000円			○	
	15,000円		○		
	30,000円				○

ア　5,000　　イ　10,000　　ウ　15,000　　エ　30,000

解説　条件を読み取る問題。✔をつけるとわかりやすい。
条件① 改善額100万円未満ではないので，No。
条件② 期間短縮1週間未満であるため，Yes。

条件	改善額100万円未満	Y	Y	N ✔	N ✔
	期間短縮1週間未満	Y ✔	N	Y ✔	N
報奨	5,000円	○			
	10,000円			○	
	15,000円		○		
	30,000円				○

2つ✔が付いた，イの10,000円が正解とわかる。

正解　イ　　（2010年春期 問79）

データの正規化

Q 7　関係データベースのデータを正規化する目的として，適切なものはどれか。

ア　データの圧縮率を向上させる。

イ　データの一貫性を保つ。

ウ　データの漏えいを防止する。

エ　データへの同時アクセスを可能とする。

解説　データの正規化とは，重複をなくすこと。正規化するとデータが重複しないので，同じデータが複数存在せず，データの一貫性を保つことができる。イが正解。

ア　圧縮率とは関係がない。

ウ　漏えいを防止することにはならない。

エ　データへの同時アクセスを可能にするわけではない。

正解　イ　　(2012年春期 問79)

関係データベース

Q 8　関係データベースにおいて，主キーを設定する理由はどれか。

ア　算術演算の対象とならないことが明確になる。

イ　主キーを設定した列が検索できるようになる。

ウ　他の表からの参照を防止できるようになる。

エ　表中のレコードを一意に識別できるようになる。

解説　主キーはレコード（行）を一意に識別できるようにするものである。

たとえば主キーが在庫ナンバーである場合を考える。取引先から問い合わせのあった在庫ナンバーを関係データベースで検索すると，その在庫ナンバーのレコード（行）を識別でき，その在庫の名前や数がわかる。

そのためには重複していない在庫ナンバーを主キーとして選ぶことが重要である。

正解　エ　　(2019年秋期 問66)

02　データベース管理システム

データベース管理システムの特徴を理解する。

データベース管理システムとは，データベースを運用，管理するためのソフトウェアです。DBMSがあることで，利用者はデータベースを容易に使うことができるようになります。

データベース管理システム（DBMS）

DBMS（ディィービーエムエス）（DataBase Management System）には，次のような特徴があります。

アプリケーションソフトの利用効率向上

データの管理を専門のソフトウェアに任せることで，アプリケーションソフトの利用効率が向上します。

データの一貫性が確保される

複数の利用者が１つのデータベースにアクセスして作業するため，データの一貫性を確保できます（それぞれの利用者がバラバラにデータを更新するのを防ぎます)。

→ただし，複数の利用者が同時にデータベースへアクセスした場合，更新中の利用者の処理が終了してから参照させる必要があります。

関係データベース管理システム（RDBMS）

RDBMS（Relational DataBase Management System）とは，関連があるデータの集合（リレーショナルデータベース）を管理するシステムのことです。

RDBMS以外のDBMSをNoSQLということもあります。

排他的制御（排他制御）

複数の人が同時にデータベースにアクセスして書き込もうとするとエラーが生じる危険があります。そこで，**誰か１人がデータベースにアクセスしているときに他の人は書き込めない**ようにする仕組みを排他的制御といいます。

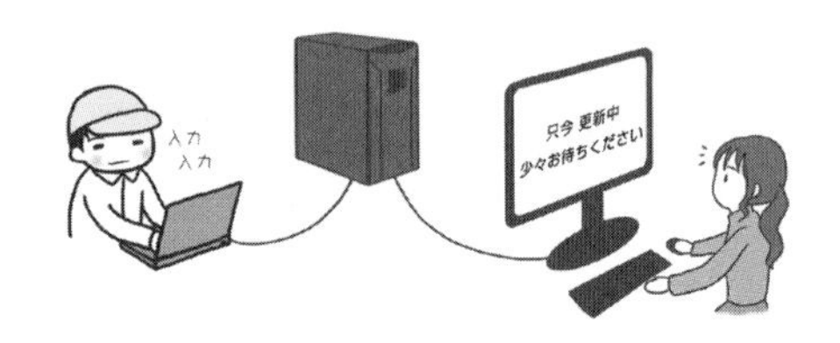

バックアップとリストア

データベースには企業の情報の大部分が入っているため，トラブルでデータが消えてしまった場合，大変なことになります。そこで，データベースのバックアップをとっておき，万一の場合に備えます。

また，バックアップしたデータを使って，バックアップ時点の状態に戻すことをリストアといいます。

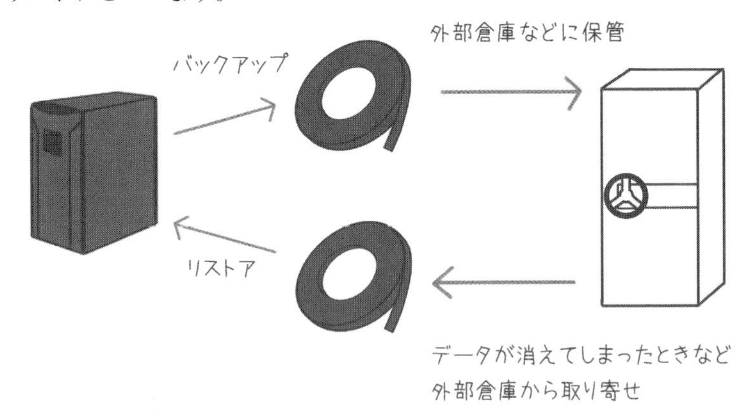

リカバリ機能

リカバリ機能とは，障害が発生したシステムを復旧・修復する機能のことです。

Chapter09-02

過去問演習

データベース管理システム

Q 1　データベース管理システムを利用する目的はどれか。

ア　OSがなくてもデータを利用可能にする。

イ　ディスク障害に備えたバックアップを不要にする。

ウ　ネットワークで送受信するデータを暗号化する。

エ　複数の利用者がデータの一貫性を確保しながら情報を共有する。

解説　データベースの特徴は，**正規化**であり，**データの一貫性**を持っている点である。エが正解。

ア　OSがないと，システムが動かない。

イ　バックアップは必要である。

ウ　データベース管理システム自体にはデータを暗号化する機能はない。

正解　エ　（2011年秋期 問53）

データベース管理システム

Q 2　複数の利用者が同時にデータベースを利用する場合に，1人の利用者がデータ更新中に，同一のデータを別の利用者が参照しようとした。このとき，データの整合性を保障するためのデータベース管理システムでの制御として，適切なものはどれか。

ア　更新処理を中断して参照させる。

イ　更新中の最新のデータを参照させる。

ウ　更新中の利用者の処理が終了してから参照させる。

エ　更新を破棄して更新前のデータを参照させる。

解説　データベース管理システムの**排他制御**の問題。**排他制御**とは，**データ更新中の処理が終了するまで，ロックをかけること**。「処理が終了してから参照させる」ウが正解である。

ア，イ　更新中のデータベースは，更新前と更新後のデータの両方が含まれているため，データの内容が矛盾している場合があり，不適切である。

エ　破棄した場合，更新をやり直す必要があるため手間がかかり不適切。

正解　ウ　（2009年秋期 問88）

Chapter10

ネットワーク

01　ネットワークとは

①プロトコルの種類を覚える。
②ここの用語は試験によく出る。

ネットワークとはコンピュータとコンピュータをつなぐことです。接続の方法やIPアドレスの考え方がポイントです。

■プロトコル

プロトコル（Protocol）とは，コンピュータどうしがネットワークで通信をおこなうときの手順やきまりのことです。次のように，さまざまな場面でプロトコルが存在します。

エイチティーティーピー
HTTP（Hyper Text Transfer Protocol）
ブラウザとWebサーバのプロトコル

HTTPS（Hyper Text Transfer Protocol Secure）とは，HTTPがSSLなどで暗号化され，HTTPにセキュリティ機能が付加されたものです。双方向の通信が暗号化されます。SSLについてはP.245参照。

エフティーピー
FTP（File Transfer Protocol）
サーバとファイルのやり取りをおこなうためのプロトコル

エスエムティーピー
SMTP（Simple Mail Transfer Protocol）
電子メールを送信するプロトコル

ポップスリー
POP 3（Post Office Protocol）
電子メールを受信するプロトコル

ch. 10 ネットワーク

WWW（World Wide Web）

インターネットやイントラネットで標準的に用いられるドキュメントシステム。HTML言語を使ってドキュメントが作られます。

Ethernet（イーサネット）

LANの規格の１つ。オフィス内でのLAN接続などに利用されます。

プロトコルの役割は複数の階層に分けて考えることができます。すべて暗記する必要はありませんので，軽く目を通しておいてください。

OSI参照モデル （通信機能で分かれている）	プロトコル
アプリケーション層	HTTP SMTP POP3 FTP
プレゼンテーション層	
セッション層	
トランスポート層	TCP　UDP
ネットワーク層	IP
データリンク層	Ethernet PPP
物理層	

TCP/IP

TCP（ティーシーピー）とIP（アイピー）は，トランスポート層とネットワーク層のプロトコルです。現在，最も普及しているプロトコルで，TCP/IPとよばれることもあります。

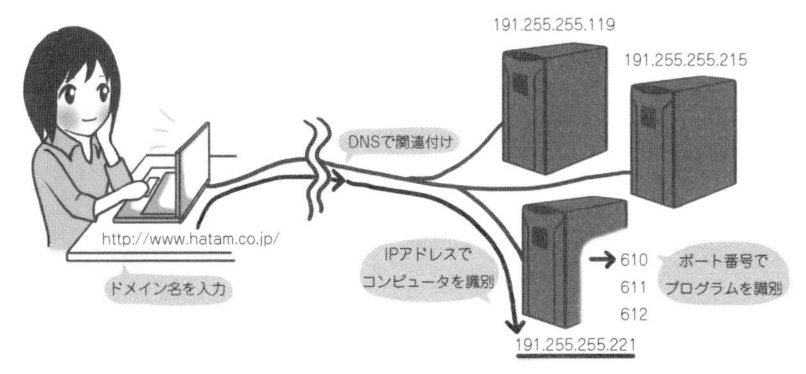

IPアドレス

通信相手の**コンピュータ**をIPアドレスで識別します。

IPアドレスは世界中どのコンピュータも重複が許されないので，約43億個あったIPv４というプロトコルでは数が足りなくなりました。そこでIPv６が登場し，340兆個の１兆倍のさらに１兆倍IPアドレスが利用可能になりました。

・IPv４のIPアドレスは32ビット
・IPv６のIPアドレスは128ビット

上の図でいうと IPアドレスは 191.255.255.221 など

ポート番号

IPアドレスで識別したコンピュータ上で動いている，通信アプリケーションのうちの１つを通信相手として指定します。

上の図でいうとポート番号は 610など

ドメイン名

数字の羅列であるIPアドレスを，読みやすく書き換えたものをドメイン名といいます。ドメイン名とIPアドレスはDNS(ディーエヌエス)によって対応付けられます。

> 前ページの図でいうとドメイン名は
> http：//www.hatam.co.jp/

補足

「DNS (Domain Name System)」とはドメイン名とIPアドレスを関連付ける仕組みのことです。

URL

ドメイン名（IPアドレス）で，コンピュータまでは特定できますが，その中のどのページを参照するかまで表したものがURL(ユーアールエル)です。

> たとえばURLは
> http://www.hatam.co.jp/p1/

http://www.hatam.co.jp/

http://www.hatam.co.jp/p1/

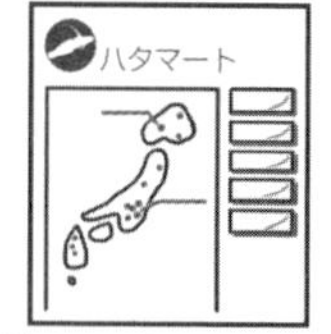

http://www.hatam.co.jp/p2/

MACアドレス

コンピュータに装着された**LAN**(ラン)**カード**はMAC(マック)アドレスで識別されます。

SSID

SSID(エスエスアイディー)（Service Set Identifier）とは，**無線LAN**のアクセスポイントの識別子のことです。

Chapter10-01

過去問演習

IPアドレス

Q１　インターネットのドメイン名とIPアドレスを対応付ける仕組みはどれか。

ア　DNS　　イ　FTP　　ウ　SMTP　　エ　Web

解説　「ドメイン名とIPアドレスを対応」との文言より，アのDNSが正解とわかる。DNSとは，Domain Name Systemを省略した名称。IPアドレスは数字の羅列で覚えにくいため，ドメイン名が利用されている。

ドメイン名		IPアドレス
willsi.co.jp	→	203.189.109.236

イ　FTP（File Transfer Protocol）は，ファイルデータを転送するときに使用するプロトコル。

ウ　SMTP（Simple Mail Transfer Protocol）は，電子メールを送信するときに使用するプロトコル。

エ　Webは，インターネット上の文書公開・閲覧システムのこと。

正解　ア　（2012年春期 問73）

httpsの通信の暗号化

Q２　PCのブラウザでURLが"https://"で始まるサイトを閲覧したときの通信の暗号化に関する記述のうち，適切なものはどれか。

ア　PCからWebサーバへの通信だけが暗号化される。

イ　WebサーバからPCへの通信だけが暗号化される。

ウ　WebサーバとPC間の双方向の通信が暗号化される。

エ　どちらの方向の通信が暗号化されるのか，Webサーバの設定による。

解説　httpsは，WebサーバとPC間の双方向の通信が暗号化される。

解答　ウ　（2015年春期 問83）

TCP/IP

Q 3　TCP/IPにおけるポート番号によって識別されるものはどれか。

ア　LANに接続されたコンピュータや通信機器のLANインタフェース

イ　インターネットなどのIPネットワークに接続したコンピュータや通信機器

ウ　コンピュータ上で動作している通信アプリケーション

エ　無線LANのネットワーク

解説　TCP/IPにおけるポート番号によって識別されるものは，コンピュータ上で動作している通信アプリケーションである。

正解　ウ　（2020年秋期 問67）

接続エラー

Q 4　情報処理技術者試験の日程を確認するために，Webブラウザのアドレスバーに情報処理技術者試験センターのURL"https://www.jitec.ipa.go.jp/"を入力したところ，正しく入力しているにもかかわらず，何度入力しても接続エラーとなってしまった。そこで，あらかじめ調べておいたIPアドレスを使って接続したところ接続できた。接続エラーの原因として最も疑われるものはどれか。

ア　DHCPサーバの障害

イ　DNSサーバの障害

ウ　PCに接続されているLANケーブルの断線

エ　デフォルトルータの障害

解説　本問ではURLのドメイン名では接続できないが，IPアドレスを使えばインターネットに接続できる点がポイント。イの**DNSサーバ**は，TCP/IPで**ドメイン名**と**IPアドレス**を関連付ける仕組みのこと。この関連付けに障害があったことが疑われるのでイが正解。

なお，アのDHCPサーバの障害，ウのLANケーブルの断線，エのデフォルトルータの障害が発生している場合，インターネットに接続できない。

正解　イ　（2017年春期 問66）

02　通信に関わる用語

用語の意味を理解する。

ここでは，LANなどの接続にかかわる用語，および伝送速度について学びます。

ルータ，LAN，無線LAN

通信するときに必要な器具について見ていきます。

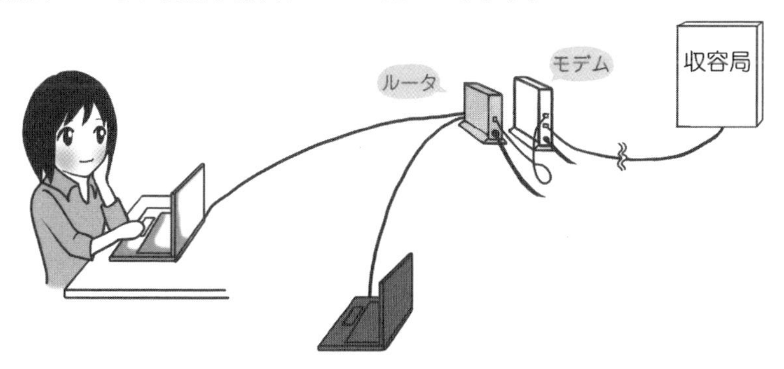

モデム

ADSL（P.217参照）を利用するとき，アナログ回線（電話回線）からデジタル回線へ変換させる装置です。FTTH（P.217参照）ではモデムは必要なく，代わりに光回線終端装置（ONU）が必要になります。

ルータ

異なるネットワーク間を相互接続する通信機器です。１本のインターネット回線で同時に複数のパソコンがインターネットを利用可能になります。受信データのIPアドレスを解析して適切なネットワークに転送してくれます。

LAN（Local Area Network）

同じ建物内にあるコンピュータやプリンタなどを接続してデータのやり取りをすることをLAN（ラン）といいます。

無線LAN

LANを，ケーブルを使わず無線でおこなうことを無線LANといいます。

SSIDまたはESSIDで無線LANのネットワークを識別します。SSIDのステルス機能を使うことで，SSIDを検出されないようにすることができます。

Wi-Fi

無線LANのうち，Wi-Fi Allianceの認証を受けたものをWi-Fi（ワイファイ）といいます。

一般的に無線LANは，同じメーカーの対応している機器どうしでないと通信できませんが，Wi-Fiでは，異なるメーカーの機器どうしでも接続が可能です。

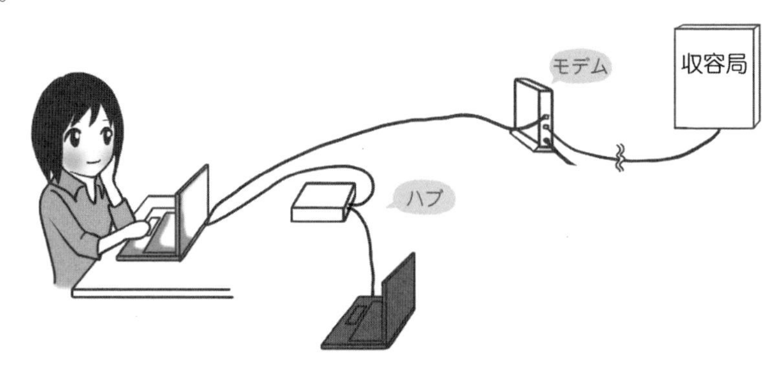

ハブ

複数のコンピュータを接続するLANを構築するときに必要なものです。

ハブはルータのように異なるネットワーク間を接続するものではなく，LANどうしを接続するものです。

WAN

通信事業者のネットワークサービスを利用して，地理的に離れたLANどうしを結ぶ仕組みのことをWAN（ワン）（Wide Area Network）といいます。

WANを使えば，本社と工場のように地理的に離れた場所にあっても，同じ建物内にあるLANのようにネットワークを利用することができます。

WANのサービスとして一般的なのはIP-VPN，広域イーサネットなどです。

伝送速度

LANを通して電気信号が伝わる速さを伝送速度といいます。ただ，伝送速度は理論的に計算された最高速度ですので，実際には伝送効率を加味する必要があります。

暗記　伝送速度を求める式

100Mビット/秒の伝送速度のLANを使用して，10Mバイトのファイルを転送するのに必要な時間。LANの伝送効率は20%とする。

100Mビット/秒×20%＝20Mビット/秒
→20Mビット/秒÷８＝2.5Mバイト/秒
10M÷2.5M＝４秒

よく使う単位

１K（キロ）…10の３乗＝1,000
１M（メガ）…10の６乗＝1,000,000
１G（ギガ）…10の９乗＝1,000,000,000
１T（テラ）…10の12乗＝1,000,000,000,000

1バイト＝**8**ビット

ADSLとFTTH

通信回線の違いによりADSLとFTTHの２種類が主流になっています。

ADSL

収容局から利用者までの回線がアナログ回線（電話回線）であるものをADSL（エーディーエスエル）といいます。

特徴　収容局（回線の基地局）から離れるほどに速度は遅くなる。
　　　アップロードよりダウンロードの方が圧倒的に速度が出る。

FTTH（Fiber To The Home）

収容局から利用者までの回線が光ファイバケーブルであるものをFTTHといいます。

特徴　ADSLよりも速度が速い。

IP電話

電話回線ではなく，FTTHやADSLなどの**ブロードバンド回線を使った電話**のことをIP電話といいます。

回線業者とプロバイダ

インターネットに接続する場合，必ず回線業者とプロバイダが必要になります。インターネットの**回線を提供**する事業者を回線業者といいます。また回線は提供しないが**インターネットの接続**をする事業者をプロバイダといいます。

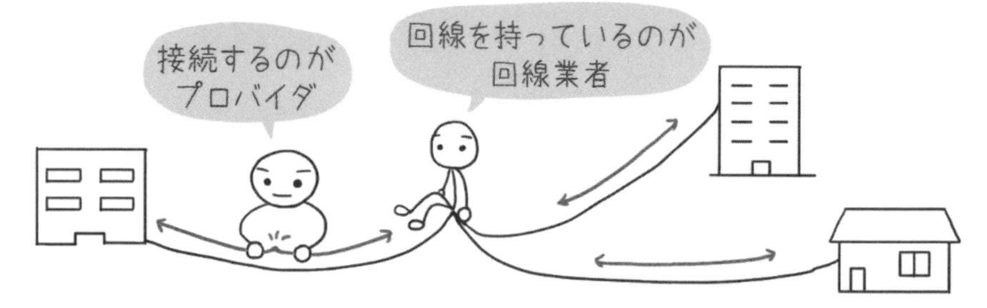

回線業者

▶**例**　NTTフレッツ，KDDI，
Yahoo!BB（Yahoo!BBはプロバイダでもあり回線業者でもある）など

プロバイダ

▶**例**　OCN，Plala，
Yahoo!BB（Yahoo!BBはプロバイダでもあり回線業者でもある）など

ネットワークの交換方式

・**回線交換方式**：電話などで採用されています。通信相手を特定して１対１の通信を行うため，回線を占有してしまいます。
・**パケット交換方式**：インターネット通信で採用されています。データを小さなパケットに分割して伝送するため，回線を占有する必要はなく，空いている回線を選んで利用します。効率的なデータ伝達ができます。

テレマティクス

テレマティクスとは，自動車などの移動体に搭載されている通信システムを利用して，関連サービスを提供することです。

SDN

SDN（Software Defined Network）とは，ソフトウェアによって仮想的なネットワークを作る技術のことです。

ビーコン

ビーコンとは近距離無線技術を利用した位置特定技術です。無線局などから発せられる電波を機器で受信することで位置や情報を取得することができます。

Chapter10-02

過去問演習

無線LAN

Q 1　無線LANに関する記述のうち，適切なものだけを全て挙げたものはどれか。

a　使用する暗号化技術によって，伝送速度が決まる。

b　他の無線LANとの干渉が起こると，伝送速度が低下したり通信が不安定になったりする。

c　無線LANでTCP/IPの通信を行う場合，IPアドレスの代わりにESSIDが使われる。

ア　a，b　　イ　b　　ウ　b，c　　エ　c

解説　a　×　暗号化技術ではなく**無線LAN規格**によって伝送速度が決まる。
b　○　無線LANは，ほかの無線LANとの干渉が起こると，伝送速度が低下したり通信が不安定になることがある。
c　×　無線LANではIPアドレス，ESSIDの両方が使われる。
よって正解はイ。

正解　イ　（2020年秋期 問88）

WAN

Q 2　ネットワークの構成のうち，WANに該当するものはどれか。

ア　自社が管理する通信回線を使用して，同一敷地内の建物間を結ぶネットワーク

イ　自社ビル内のフロア間を結ぶネットワーク

ウ　通信事業者の通信回線を使用して，本社と他県の支社を結ぶネットワーク

エ　フロア内の各PCを結ぶネットワーク

解説　WANは，通信事業者のネットワークサービスを利用して，**地理的に離れた**LANどうしを結ぶ仕組み。ウが正解。

正解　ウ　（2017年春期 問84）

03　電子メール・Web

用語の意味を理解する。

電子メールは企業・個人を問わず多くの人が使う便利な機能です。一方，スパムメールなどの不正も広がっています。

電子メールに関する用語

まずは，電子メールに関する用語について見ていきます。

MIME（Multipurpose Internet Mail Extensions）

画像などの添付ファイルを電子メールで送る方法をMIME（マイム）といいます。

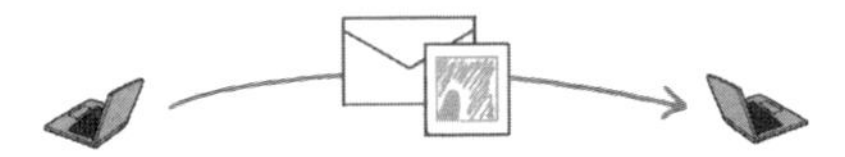

S/MIME

送信する電子メールの本文と添付ファイルを暗号化し，宛先に指定した受信者だけが内容を読むことができるようにする技術をS/MIMEといいます。

送信者はあらかじめ自身の公開鍵証明書の発行を受けておく必要があります。

スパムメール

受信者の承諾なしに無差別に送付されるメールのことをスパムメールといいます。

補足　迷惑メールが来たときの対処法としては，①開かない，②迷惑メールフォルダに振り分ける，③プロバイダに通報する。

チェーンメール

メールの受信者が複数の相手に同一内容のメールの送信や転送を行い，受信者が増加し続けるメールのことをチェーンメールといいます。

メーリングリスト

メーリングリストとは，リストに登録してある人全員に，同時にメールを送ることができるしくみです。

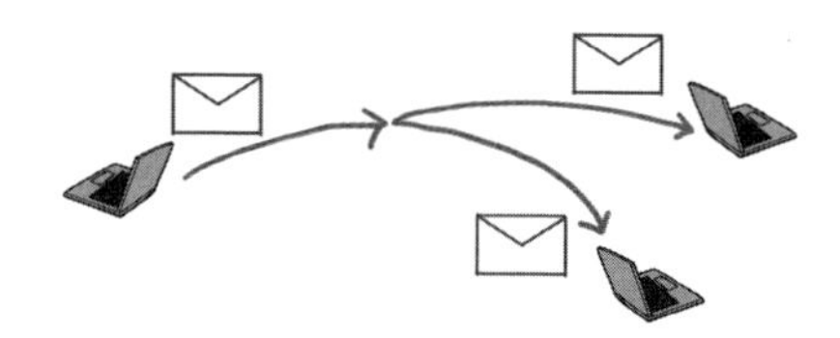

CCとBCC

メールを送るとき，相手のメールアドレスを「宛先」「CC」「BCC」のどれかに入れます。

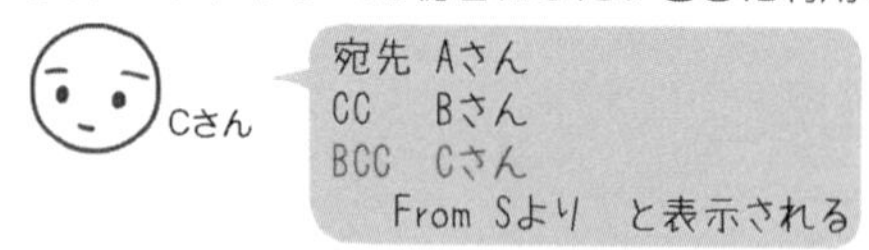

Webに関する用語

次に，Web（ウェブ）に関する用語について見ていきます。

Cookie

Cookie（クッキー）は，Webサイトを閲覧するとき，**一度入力したIDやパスワード**を，そのコンピュータに**一時的に保存**し，次回入力する手間が省けるものです。

・不特定多数の人が使うコンピュータでWebサイトを閲覧したときは，閲覧が終わったらCookieを消去すべきである。

・Cookieに個人情報が保存されている場合は，その個人情報が盗まれることがあるので，注意して消去すべきである。

電子掲示板

インターネットを利用した**掲示板**のことを電子掲示板といいます。

記事を書き込んだり，記事を閲覧したり，記事にコメントしたりできます。

▶**例**　Yahoo!掲示板，２ちゃんねるなどが有名

ブログ

Webページを利用して，**記録**を残しておくために使われます。個人が書く日記から，書評，特定の専門分野の情報まで，さまざまな内容があります。

▶**例**　Amebaブログ，livedoorブログなどが有名

SNS（Social Networking Service）

インターネット上で形成される**社会的なネットワーク**をSNS（エスエヌエス）といいます。メンバー間で情報を交換することを目的としています。

▶**例**　Facebook, twitterなどが有名。他にも企業内や大学内など，さまざまな場面で利用されている。

e-ラーニング

情報技術（IT）を利用した学習のことをe-ラーニングといいます。

🐾デジタルデバイド（Digital divide）

パソコンやインターネットを使える者と使えない者の間に生じる**情報や機会の格差**のことをディジタルデバイドといいます。情報を活用できる環境や能力の差によって，待遇や収入などの格差が生じることです。

🐾オンラインストレージ

利用者が自由に読み書きできるインターネット上のファイルの保存領域のこと。個人の利用者がファイルを保存するだけでなく，バックアップ目的や組織内でのデータ共有などにも利用されている。クラウドの仕組みを使ったサービスも多い。

▶**例**　Googleドライブ，iCloud，Dropboxなど。

🐾輻輳

輻輳（ふくそう）とは，１か所に集中し混雑する様子を表す言葉です。Webでは，通信が急増しネットワークの許容量を超え，つながりにくくなることをいいます。

🐾SIMカード

携帯電話会社が発行する，契約情報を記録したICカードです。SIMカードにより，携帯電話機などの端末に割り当てられた電話番号が特定されます。携帯電話機などに差し込んで使用します。

Chapter10-03

過去問演習

電子メール

Q 1　Aさんが，Pさん，Qさん及びRさんの３人に電子メールを送信した。Toの欄にはPさんのメールアドレスを，Ccの欄にはQさんのメールアドレスを，Bccの欄にはRさんのメールアドレスをそれぞれ指定した。電子メールを受け取ったPさん，Qさん及びRさんのうち，同じ内容の電子メールがPさん，Qさん及びRさんの３人に送られていることを知ることができる人だけを全て挙げたものはどれか。

ア　Pさん，Qさん，Rさん　　　イ　Pさん，Rさん

ウ　Qさん，Rさん　　　エ　Rさん

解説　RさんをBccにした場合，Pさん，Qさんは「メールがRさんに送られたこと」がわからない。一方，Rさんはメールの内容，To，Ccに指定されたメールアドレスを知ることができる。

正解　エ　　（2019年秋期 問79）

Webサイト

Q 2　Webサイトに関する記述中のa，bに入れる字句の適切な組合せはどれか。

Webサイトの提供者が，Webブラウザを介して利用者のPCに一時的にデータを保存させる仕組みを＜a＞という。これを用いて，利用者の識別が可能となる。Webサイトの見出しや要約などのメタデータを構造化して記載するフォーマットを＜b＞という。これを用いて，利用者にWebサイトの更新情報を知らせることができる。

	a	b
ア	CGI	CSS
イ	CGI	RSS
ウ	cookie	CSS
エ	cookie	RSS

解説　「Webサイトの提供者が，Webブラウザを介して利用者のPCに一時的にデータを保存させる仕組み」はcookieである。また，「利用者にWebサイトの更新情報を知らせることができる」機能はRSSである。

正解　エ　　（2020年秋期 問81）

Chapter11

セキュリティ

01　情報セキュリティポリシ

情報セキュリティの3要素を覚える。

企業の情報セキュリティについて体系的にまとめたものを情報セキュリティポリシといいます。

情報セキュリティの文書化

後述の情報セキュリティを含め，企業の情報セキュリティについての内容は次のように文書化される必要があります。

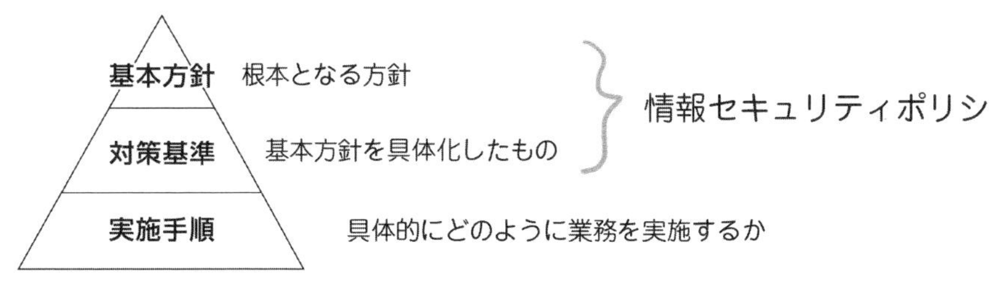

情報セキュリティポリシ

上述した「基本方針」「対策基準」を合わせて情報セキュリティポリシといいます。情報セキュリティ基本方針ともよばれます。

情報セキュリティポリシはすべての従業員が守るルールである。

したがって情報セキュリティの文書はすべての従業員に開示する。

ただし対外的には公表しない。

情報システムの脆弱性を含んだ内容なので公表すると危険だからである。

■情報セキュリティの要素

情報セキュリティガイドラインで，情報セキュリティは次の要素からなると定義されています。

①機密性

情報へのアクセス許可がある者だけがアクセスできることを機密性といいます。

②完全性

情報が改ざんされておらず，正確で完全であることを完全性といいます。

顧客データ
1　秋田スーパー
2　山形スーパー
3　宮城スーパー

5　青森スーパー
6　岩手スーパー

③可用性

情報へアクセス許可のある者が，必要な時にアクセスできることを可用性といいます。

いつでもアクセスできる

④真正性

利用者や情報が本物であると明確にすることです。

⑤責任追跡性

動作が誰によっておこなわれたか追跡できることです。

```
文書no298883　入力ログ

2021.01.13　09:21　パブロフ
2021.01.13　11:05　りんご
2021.01.14　13:44　パブロフ
2021.01.15　10:24　佐藤
```

⑥否認防止

情報を作成した人が確かにおこなったと証明できることです。

⑦信頼性

システムの処理が不具合なくおこなわれることです。

情報セキュリティ組織

情報セキュリティに関する被害受付，再発防止のための提言などを行う情報セキュリティ組織があります。

- **情報セキュリティ委員会**：社内に組織する，情報セキュリティに関する機関
- **CSIRT（シーサート）**：セキュリティの問題が起きていないか監視，また問題が発生した場合に調査する組織
- **SOC（ソック）**：企業に向けたサイバー攻撃の分析を行いアドバイスを提供する組織
- **コンピュータ不正アクセス届出制度**：不正アクセス被害を受けた時に届け出る制度

Chapter11-01

過去問演習

情報セキュリティポリシ

Q 1　内外に宣言する最上位の情報セキュリティポリシに記載することとして，最も適切なものはどれか。

ア　経営陣が情報セキュリティに取り組む姿勢

イ　情報資産を守るための具体的で詳細な手順

ウ　セキュリティ対策に掛ける費用

エ　守る対象とする具体的な個々の情報資産

解説　「最上位の情報セキュリティポリシ」には経営陣が取り組む姿勢を記載する。

正解　ア　(2019年秋期 問84)

情報セキュリティの３要素

Q 2　情報セキュリティにおける完全性を維持する対策の例として，最も適切なものはどれか。

ア　データにディジタル署名を付与する。

イ　データを暗号化する。

ウ　ハードウェアを二重化する。

エ　負荷分散装置を導入する。

解説　完全性とは，情報が改ざん・破壊されていないこと。ディジタル署名は受信したデータが改ざんされているかどうかを確認できる仕組みなので，完全性を維持するのに有用である。アが正解。

イ　機密性を維持する。

ウ　可用性を維持する。

エ　可用性を維持する。

正解　ア　(2017年春期 問79)

02 リスクマネジメント（リスクの対応策）

リスクを管理する方法を学ぶ。

ISMS

ISMS（Information Security Management System：情報セキュリティマネジメントシステム）は企業の情報システムに関するマネジメントをおこなうことです。経営者は，ISMSに関する考え方や基本原理を，**情報セキュリティ方針**で示します。

ISMSでは，「機密性」「完全性」「可用性」をバランスよく実現することがポイントです。また，ISMSはPDCAサイクルを繰り返すことで実行されます。

Ⓟ（Plan，計画）････利害関係者のニーズを理解し，ISMSの基本方針を定義する。

Ⓓ（Do，実行）･･･････従業員に対してISMS運用の教育と訓練を実施する。

Ⓒ（Check，評価）･･･ISMSに関する監査を定期的に行う。

Ⓐ（Act，改善）･･････リスクを評価して対策が必要なリスクには対策を決める。

リスクマネジメント

リスクマネジメントは，リスクの特定・分析・評価・対応という流れで実施され，事故などへの対応マニュアルの整備が必要です。

リスクに対するマネジメント（対策）として，次の４つが考えられます。

- **リスク回避**―――発生原因を断つ。事業から撤退する。
- **リスク移転（転嫁）**―――他社にリスクを移転させる。保険に加入する。
- **リスク低減**―――発生確率を減らす。セキュリティを厳重にする。
- **リスク受容**―――何もしない。対策費がかかる，リスクが小さい場合など。

03 ネットワークのセキュリティ

試験によく出る用語です。

コンピュータがネットワークに接続されていることで，多くの有用な情報にアクセスすることができます。ですが同時に，外部から自社のコンピュータへアクセスする経路にもなってしまいます。

ここでは，悪意を持ったコンピュータからの侵入を防ぐためのセキュリティについて学びます。

ファイアウォール

ファイアウォールとは，外部からの不正アクセスを防ぐために，内部ネットワークと外部ネットワークの間に置かれるものです。

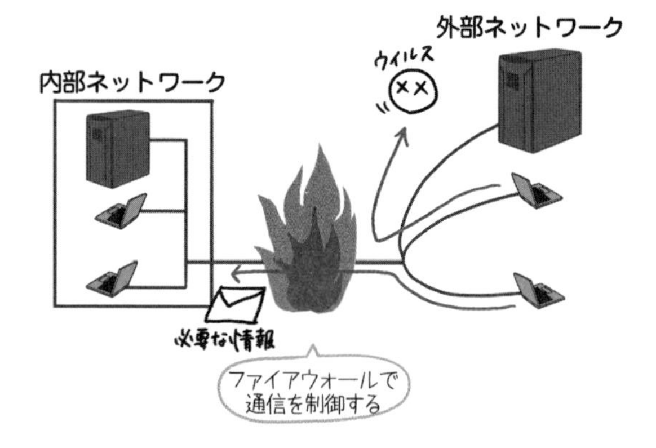

アプリケーションゲートウェイ

アプリケーションゲートウェイとは，ファイアウォール技術の1つで，プロキシで内部ネットワークと外部ネットワークを切り離す方式です。プロキシとは「代理」という意味で，内部と外部のネットワークの中継をします。

DMZ

DMZ（DeMilitarized Zone）とは，内部と外部のネットワークの間に設置され，ファイアウォールに囲まれているものです。

Webサイトのサーバやメールサーバなど，外部とやり取りする部分だけDMZサーバに切り離して内部に侵入されないようにします。

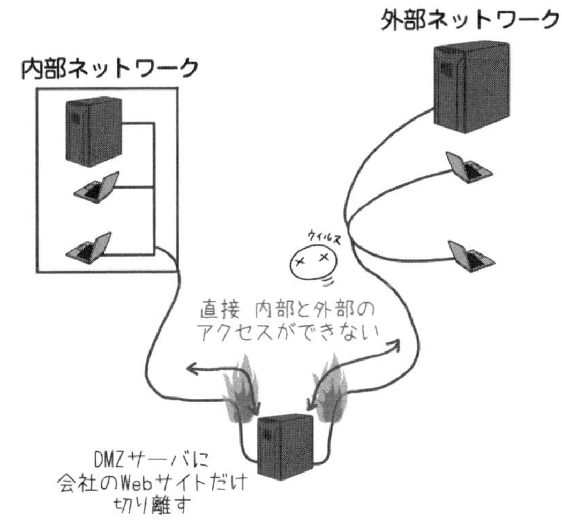

VPN（Virtual Private Network）

公衆回線であるインターネットを，認証や暗号化をおこなうことにより専用回線のように利用する仕組みのことをVPNといいます。

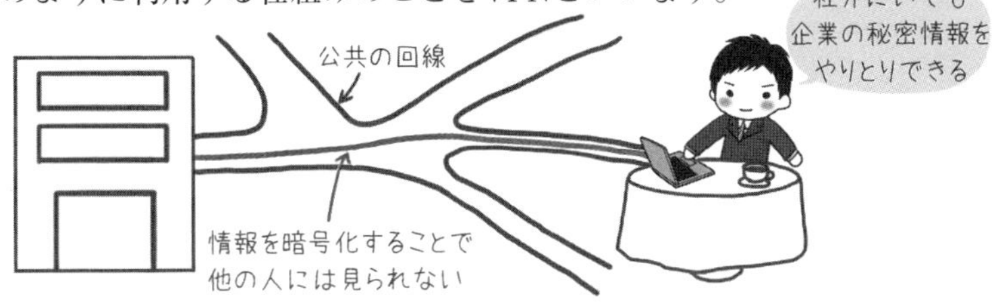

スタンドアロン

PCをネットワークに接続せずに単独で利用する形態をスタンドアロンといいます。外部からの不正アクセスを防ぐことができます。

Chapter11-02～03

過去問演習

ISMS

Q 1　ISMSの確立，実施，維持及び継続的改善における次の実施項目のうち，最初に行うものはどれか。

ア　情報セキュリティリスクアセスメント

イ　情報セキュリティリスク対応

ウ　内部監査

エ　利害関係者のニーズと期待の理解

解説　ISMS（情報セキュリティマネジメントシステム）のうち最初に行うのは**利害関係者のニーズと期待の理解**なので，エが正解。

正解　エ　（2020年秋期 問69）

リスクマネジメント

Q 2　セキュリティリスクへの対応には，リスク移転，リスク回避，リスク受容，リスク低減などがある。リスク移転に該当する事例はどれか。

ア　セキュリティ対策を行って，問題発生の可能性を下げた。

イ　問題発生時の損害に備えて，保険に入った。

ウ　リスクが小さいことを確認し，問題発生時は損害を負担することにした。

エ　リスクの大きいサービスから撤退した。

解説　損害賠償が保険会社に移転されるため，リスクが移転する。イが正解。
ア　リスク低減に該当する。
ウ　リスク受容に該当する。
エ　リスク回避に該当する。

正解　イ　（2016年春期 問77）

ネットワークのセキュリティ

Q 3　外出先でPCをインターネットに直接接続するとき，インターネットからの不正アクセスを防ぐために使用するものとして，適切なものはどれか。

ア　ICカード認証

イ　パーソナルファイアウォール

ウ　ハードディスクパスワード

エ　ファイル暗号化ソフト

解説　「インターネットからの不正アクセスを防ぐ」との文言より，イのパーソナルファイアウォールが正解とわかる。

正解　イ　（2017年春期 問88）

ネットワークのセキュリティ

Q 4　外部と通信するメールサーバをDMZに設置する理由として，適切なものはどれか。

ア　機密ファイルが添付された電子メールが，外部に送信されるのを防ぐため

イ　社員が外部の取引先へ送信する際に電子メールの暗号化を行うため

ウ　メーリングリストのメンバのメールアドレスが外部に漏れないようにするため

エ　メールサーバを踏み台にして，外部から社内ネットワークに侵入させないため

解説　DMZは，内部と外部のネットワークの間に設置し，外部と通信する部分だけDMZに切り離して，外部から内部に侵入されないようにするものである。したがってエが正解。

正解　エ　（2019年秋期 問92）

04 認証

✏ 認証の種類を覚える。

情報セキュリティと業務効率化の観点から，システムへアクセスする許可のない者の侵入を防ぎ，許可のある者はスムーズにアクセスできるようにする必要があります。

認証の種類

認証は大きく３種類に分けることができます。

個人の所有物に基づく認証

▶**例**　印鑑，IDカードなど

個人の知識に基づく認証

▶**例**　パスワード，暗証番号など

①人に教えない，②定期的に変更する のが大切です。

個人の生体的特徴に基づく認証

▶**例**　バイオメトリクス認証

人間の身体的な特徴（指紋・虹彩・静脈パターン・声紋・顔・網膜）を使い，判別するものです。

本人拒否率と他人受入率を下げることが重要です。

これら３種類の認証のうち２種類を使用して認証することを二要素認証といい，二要素認証をおこなうことで，よりセキュリティが強固になります。

シングルサインオン

シングルサインオンとは，一度の認証で，許可されている複数のサーバやアプリケーションなどを利用できるしくみです。

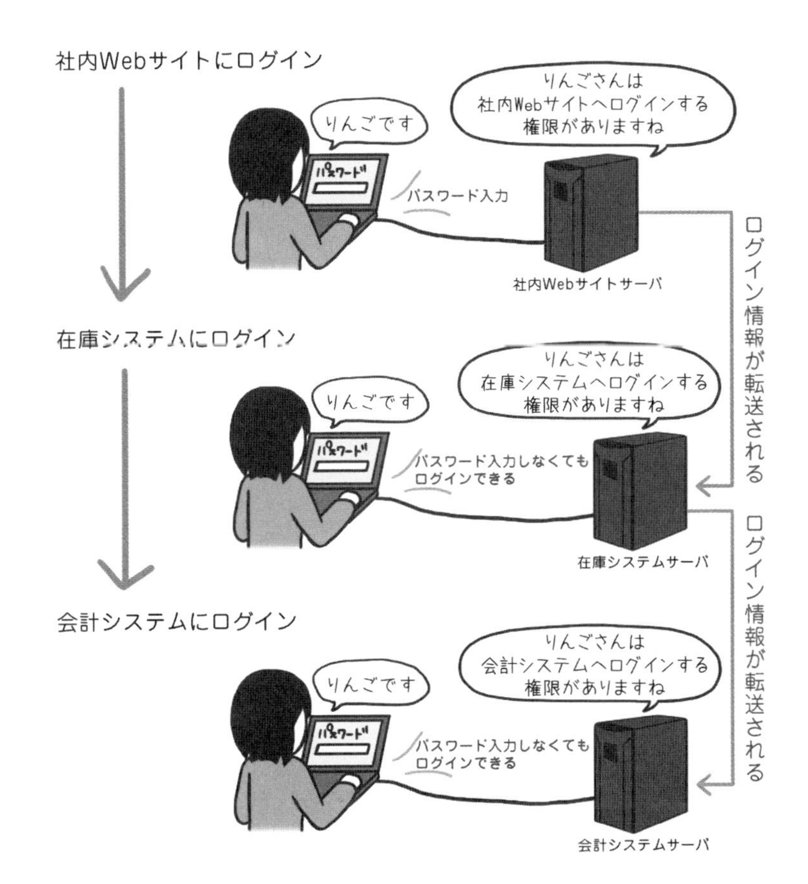

ここからは，企業のサーバが置いてある部屋など，重要な場所への入退室に関するセキュリティを学びます。「誰でも簡単に入れないようにする」「問題が発生したとき，誰が入退室していたか追跡できるようにする」の２つがポイントです。

■ワンタイムパスワード

ワンタイムパスワードとは，一度しか使うことのできないパスワードです。Webで銀行振込手続きをする場合に，スマートフォンに送られたワンタイムパスワードを手続画面に入力する場合に利用されています。

■施錠管理と監視カメラ

重要な場所への入り口に施錠するのが，セキュリティの基本です。施錠や開錠の方法はさまざまなものがあります。

・通常の鍵　　・IDカードでの開錠　　・バイオメトリクス認証

また，重要な場所への入り口や部屋の内部に監視カメラを置くことで，現在の状況を監視できるとともに，問題が発生したとき録画してある映像で犯人を追跡することができます。

■入退室管理

入退室管理は①～④の手順でおこなわれます。

①事前の許可

入室する日時，目的などについて，
あらかじめセキュリティの管理者から許可を
得ておく。

②入室の記録

入室する際に，用紙に記録する。

③入室

１人ずつしか入れない仕組みや，認証がある。

④退室の記録

退室する際に，用紙に記録する。

05　IoTシステムのセキュリティ

IoTが急激に普及すると同時に，IoT機器もサイバー攻撃の対象となることが問題となっています。そこでIoTシステムやIoT機器の設計・開発についてのセキュリティを確保するための指針やガイドラインが策定されました。

IoTセキュリティガイドライン

IoTセキュリティガイドラインは，総務省が策定した，IoTを利用して製品・サービスを提供する企業向けのガイドラインです。経営者がIoTセキュリティに関わりトップダウンで対策すること，サイバー攻撃から守るべきものを特定しどのようなセキュリティを設計するか考えることなどが記載されています。

コンシューマ向けIoTセキュリティガイドライン

コンシューマ向けIoTセキュリティガイドラインは，日本ネットワークセキュリティ協会（JNSA）が策定した，コンシューマ向けIoT製品の開発者が考慮すべき事柄をまとめたものです。コンシューマ向けIoT製品とは，ウェアラブルデバイスなど一般のユーザが使う製品のことです。

Chapter11-04〜05

過去問演習

認証

Q１ 二要素認証の説明として，最も適切なものはどれか。

ア 所有物，記憶及び生体情報の３種類のうちの２種類を使用して認証する方式

イ 人間の生体器官や筆跡などを使った認証で，認証情報の２か所以上の特徴点を使用して認証する方式

ウ 文字，数字及び記号のうち２種類以上を組み合わせたパスワードを用いて利用者を認証する方式

エ 利用者を一度認証することで二つ以上のシステムやサービスなどを利用できるようにする方式

解説 二要素認証とは，２つの要素で認証すること。要素というのは「本人だけが所有しているもの（所有物）」「本人だけが知っていること（記憶）」「本人自身の特性（生体情報）」の３つを指しており，このうちの２要素を使う。

正解 ア （2020年秋期 問86）

バイオメトリクス認証

Q２ バイオメトリクス認証の例として，適切なものはどれか。

ア 本人の指紋で認証する。

イ 本人の電子証明書で認証する。

ウ 本人の身分証明書で認証する。

エ ワンタイムパスワードを用いて認証する。

解説 バイオメトリクス認証とは，個人の生体的特徴に基づく認証。指紋という生体的特徴を使って認証する，アが正解。

正解 ア （2017年秋期 問71）

06　不正行為

不正行為の種類を覚える。

システムには大量の機密データが記録されており，さまざまな不正行為の危険にさらされています。

ソーシャルエンジニアリング

ソーシャルエンジニアリングとは，**人の弱みやミスに付け込んで**，パスワードなどを**不正に取得する行為**のことをいいます。

なりすまし

攻撃者が，システムの利用者になりすまして，システム管理者に電話をかけ，パスワードを聞き出す。

ショルダーサーフィン

攻撃者が，ATM等で利用者の暗証番号入力をのぞきこみ，暗証番号を記憶する。

パスワードを見る

攻撃者が，コンピュータに張り付けられているパスワードが書かれた紙を見てパスワードを記憶する。

クラッキング

クラッキングとは，システムへ不正に侵入して破壊や改ざんを行うことです。

フィッシング

フィッシングとは，インターネットや電子メールを使って，利用者を巧みに誘導し情報を盗み取る手法をいいます。

🐾フィッシングへの対策

- 偽のWebサイトを使って利用者を騙して情報を盗み取る場合に備え，Webサイトなどで個人情報を入力する場合は**SSL認証**であること，および，**サーバ証明書**が正当であることを確認する。
- ウイルス対策ソフトを使用する。

DoS攻撃

DoS（ドス）攻撃（Denial of Service attack）とは，サーバに大量のデータを送ることによりサービスの提供を不能にする不正行為です。

キーロガー

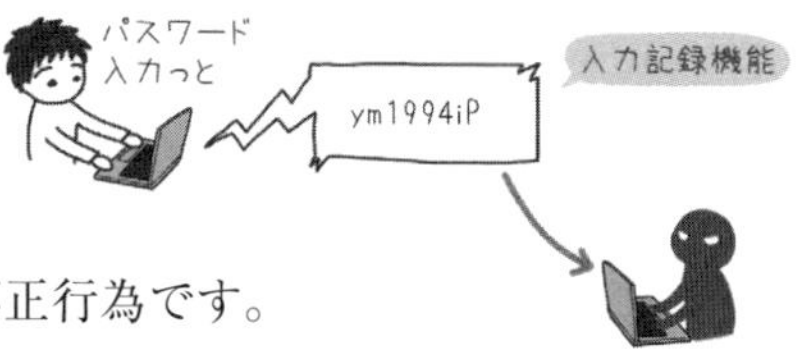

キーロガーとはキーボード入力を記録する仕組みを利用者のコンピュータで動作させ，この情報を入手する不正行為です。

ディジタルフォレンジックス

ディジタルフォレンジックスとは，コンピュータに関する犯罪や法的紛争の証拠を明らかにする技術です。

ブルートフォース攻撃

ブルートフォース攻撃とは，パスワードで設定される可能性のある組合せのすべてを試すことで不正ログインを試みる攻撃手法です。

Chapter11-06

過去問演習

不正行為

Q 1　Webサーバの認証において，同じ利用者IDに対してパスワードの誤りがあらかじめ定められた回数連続して発生した場合に，その利用者IDを自動的に一定期間利用停止にするセキュリティ対策を行った。この対策によって，最も防御の効果が期待できる攻撃はどれか。

ア　ゼロデイ攻撃　　　　　　　イ　パスワードリスト攻撃
ウ　バッファオーバフロー攻撃　エ　ブルートフォース攻撃

解説　**ブルートフォース攻撃**とは，パスワードで設定される可能性のある組合せのすべてを試すことで不正ログインを試みる攻撃手法。パスワードの誤りが連続して発生した場合に，利用者IDを自動的に一定期間利用停止にするセキュリティ対策で防御の効果が期待できる。

正解　エ　（2017年春期 問81）

フィッシング

Q 2　フィッシングの説明として，適切なものはどれか。

ア　ウイルスに感染しているPCへ攻撃者がネットワークを利用して指令を送り，不正なプログラムを実行させること
イ　金融機関などからの電子メールを装い，偽サイトに誘導して暗証番号やクレジットカード番号などを不正に取得すること。
ウ　パスワードに使われそうな文字列を網羅した辞書のデータを使用してパスワードを割り出すこと
エ　複数のコンピュータから攻撃対象のサーバへ大量のパケットを送信し，サーバの機能を停止させること

解説　フィッシングとは，インターネットや電子メールを使って，利用者を巧みに誘導し情報を盗み取る手法のこと。イが正解とわかる。魚釣りのように，エサを与えて獲物を釣り上げることから，生まれた名称。
ア　ボットの説明。
ウ　辞書攻撃の説明。
エ　DoS攻撃の説明。

正解　イ　（2016年春期 問63）

07 暗号化技術

①試験によく出る用語です。
②共通鍵と公開鍵の違いを理解する。

コンピュータ間で機密情報をやりとりするときに，不正に情報を読み取られないようにする方法として，暗号化技術があります。

共通鍵と公開鍵

暗号化技術の代表的なものに，共通鍵暗号方式と公開鍵暗号方式があります。

共通鍵暗号方式

暗号化と復号に同じ鍵を使う方式を「共通鍵暗号方式」といいます。暗号化に用いる鍵を第三者に公開することで，第三者が復号できるようになります。

特徴　公開鍵暗号方式よりも，暗号化処理と復号処理にかかる計算量は少ない。
相手の数に応じて，その数の鍵が必要になる。

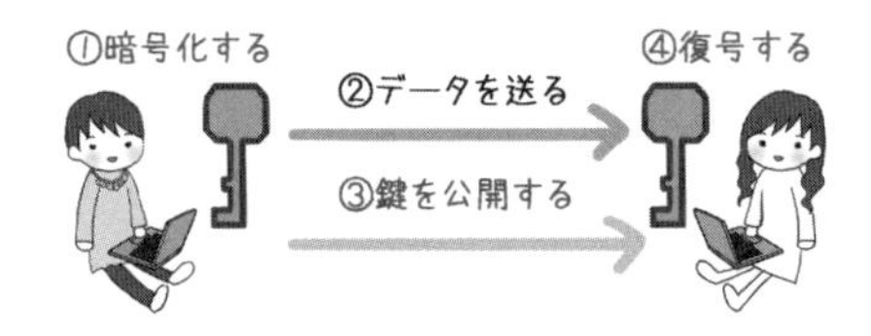

公開鍵暗号方式

①暗号化に「公開鍵」，②復号に「秘密鍵」を使う暗号化方式を「公開鍵暗号方式」といいます。

特徴　暗号化する鍵である「公開鍵」を公開するため，誰でも暗号化できる。
一方，復号するための「秘密鍵」は公開されない。

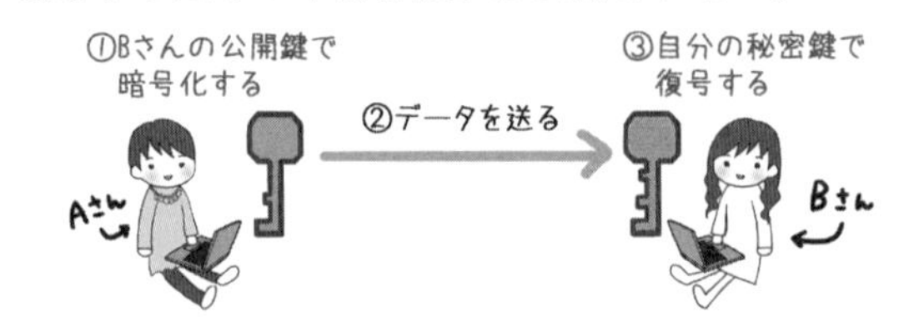

■ディジタル署名

公開鍵暗号方式を利用して，ディジタル文章の正当性を保証する技術です。
①発信元の正当性を保証　　②データの改ざん防止に使用

ディジタル署名により発信元の正当性・データが改ざんされていないことは保証されますが，公開鍵が本物かどうかの保証はありません。そこで，公開鍵が本物であることを保証するのが**ディジタル証明書**です。

ディジタル証明書は，**認証局**（CA）という第三者機関により発行されます。認証局は公開鍵が本物かどうか確認し証明書を発行します。証明書には，個人の情報，公開鍵，認証局のディジタル署名の３つが記載されています。

補足　**公開鍵基盤**（PKI：Public Key Infrastructure）とは？

公開鍵暗号の技術を使った安全なセキュリティ基盤のことです。

■電子透かし

画像や映像に情報を埋め込む技術を電子透かしといいます。画像や映像を検出ソフトにかけると，違法コピーをされた回数などの情報が検出されます。

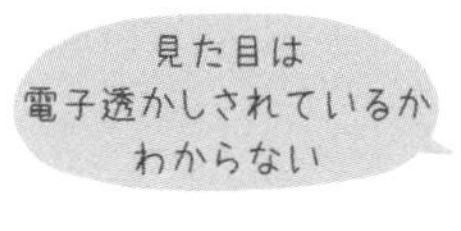

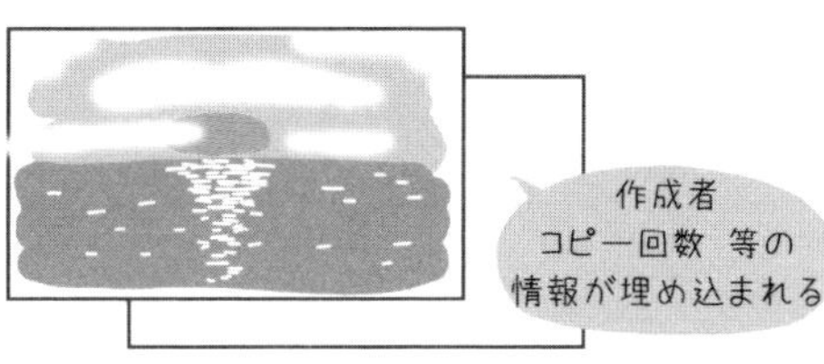

■SSL

SSL（Secure Socket Layer）とは，ブラウザとサーバの間を暗号化するものです。利用者が入力した個人情報などを途中経路で盗み見られることを防ぎます。

ハイブリッド暗号方式

ハイブリッド暗号方式とは共通鍵暗号方式と公開鍵暗号方式を組み合わせた暗号方式です。

ディスク暗号化とファイル暗号化

ディスクというのはハードディスク（HDD）やSSDのことで，ディスク暗号化ではHDDやSSDの全体を暗号化します。

ファイル暗号化では，個々のファイルを暗号化します。暗号化されたファイルは，閲覧権限のないユーザは開くことができません。

タイムスタンプ（時刻認証）

タイムスタンプとは，電子データがその時刻に存在していたことを証明するものです。

08　不正プログラム

✏ 不正プログラムの種類を覚える。

不正プログラム

不正プログラムとは，コンピュータに被害をもたらすプログラムのことです。

ワーム

自己増殖し，データ破壊・改ざんをおこなうウイルス。ネットワークを通じて多数のパソコンに感染する。

マクロウイルス

WordやExcelなどのアプリケーションソフトの**マクロ機能**を悪用したウイルス。なお，マクロ機能とは表計算ソフトなどで，手順を自動化すること。

ボット

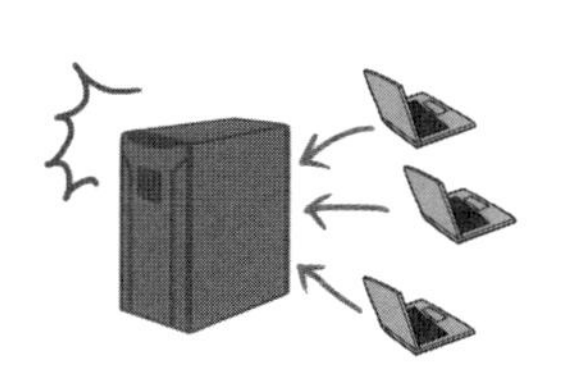

多数のコンピュータに感染し，**遠隔操作**で攻撃者から指令を受けるとDDoS攻撃などをおこなう不正プログラム。ボットやコンピュータウイルス，スパイウェアなどの不正ソフトウェアをまとめて**マルウェア**といいます。

補足　DDoS攻撃：複数のコンピュータが一斉に攻撃すること。

トロイの木馬

有用なソフトウェアに見せかけて配布された後，システムの破壊や個人情報の詐取など悪意ある動作をするウイルス。

Chapter11-07～08

過去問演習

公開鍵暗号方式

Q 1　公開鍵暗号方式では，暗号化のための鍵と復号のための鍵が必要となる。4人が相互に通信内容を暗号化して送りたい場合は，全部で8個の鍵が必要である。このうち，非公開にする鍵は何個か。

ア　1　　イ　2　　ウ　4　　エ　6

解説　公開鍵暗号方式では，暗号化する鍵「公開鍵」を公開し，復号のための鍵「秘密鍵」は非公開にする。本問では公開鍵が4個，非公開の秘密鍵が4個必要である。

正解　ウ　（2020年秋期 問97）

公開鍵

Q 2　認証局（CA:Certificate Authority）は，公開鍵の持ち主が間違いなく本人であることを確認する手段を提供する。この確認に使用されるものはどれか。

ア　ディジタルサイネージ

イ　ディジタルフォレンジックス

ウ　電子証明書

エ　バイオメトリクス認証

解説　認証局は，電子証明書を使って公開鍵の持ち主が間違いなく本人であることを確認する。正解はウ。電子証明書は，個人や企業が使用する公開鍵に対する電子式の証明書で，認証局に申請を行い，審査に合格すると発行される。

正解　ウ　（2017年春期 問65）

暗号化

Q 3　文書をAさんからBさんに送るとき，公開鍵暗号方式を用いた暗号化とディジタル署名によって，セキュリティを確保したい。このとき，Aさんの公開鍵が使われる場面はどれか。

ア　Aさんが送る文書の暗号化

イ　Aさんが送る文書へのディジタル署名の付与

ウ　Bさんが受け取った文書に付与されたディジタル署名の検証

エ　Bさんが受け取った文書の復号

解説　Aさんの公開鍵が使われるのは「BさんがAさんに送る文書を暗号化する」および「BさんがAさんから受け取った文書に付与されたディジタル署名の検証をする」場面。したがって当てはまるのはウ。

ア　Bさんの公開鍵が使われる

イ　Aさんの秘密鍵が使われる

エ　Bさんの秘密鍵が使われる

正解　ウ　（2017年春期 問99）

不正プログラム

Q 4　受信した電子メールに添付されていた文書ファイルを開いたところ，PCの挙動がおかしくなった。疑われる攻撃として，適切なものはどれか。

ア　SQLインジェクション　　イ　クロスサイトスクリプティング

ウ　ショルダーハッキング　　エ　マクロウイルス

解説　文書ファイルに仕組まれている攻撃なので，エのマクロウイルスが正解。マクロウイルスは，文書ソフトや表計算ソフトのマクロ機能を悪用したウイルス。

正解　エ　（2020年秋期 問58）

Chapter12

表計算ソフト

	A	B	C	D	E
1	品名	単価	個数	合計	
2	パン	100	23	=B2*C2	
3	味噌	475	10		
4	水	98	15		

	A	B	C	D	E
1	品名	単価	個数	合計	
2	パン	100	23	2300	
3	味噌	475	10		
4	水	98	15		

	A	B	C	D	E
1	品名	単価	個数	合計	
2	パン	100	23	2300	
3	味噌	475	10	4750	
4	水	98	15	1470	

01　表計算４つの機能

内容を理解したら，過去問が解けるように練習しよう。

表計算ソフトとは，MicrosoftのExcelに代表される，数式や条件式を入力して計算することを得意とするアプリケーションソフトです。

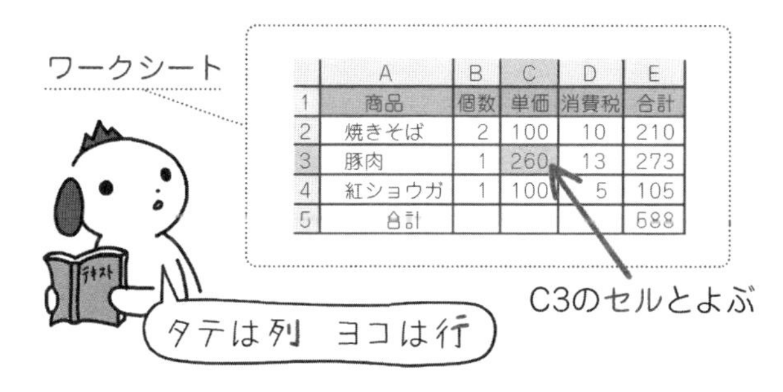

	A	B	C	D	E
1	商品	個数	単価	消費税	合計
2	焼きそば	2	100	10	210
3	豚肉	1	260	13	273
4	紅ショウガ	1	100	5	105
5	合計				588

自動計算

自動計算を使うと，金額などの計算を簡単におこなうことができます。次の例で使い方を理解しましょう。

▶**例**　４人分のお弁当とジュースを買ってくることになった。
- 事前に代金は１人あたり1,000円を貰っている。
- お弁当は500円，ジュースは100円であった。
- 買い物の明細を作って，お釣りが正しいかを確認した。

この状況を表計算ソフトでまとめてみると次ページのようになります。

▶買い物の明細

	A	B	C	D
1		価格	個数	合計
2	お弁当	500	4	
3	ジュース	100	4	
4	合計			
5				
6		1人あたり	人数	合計
7	事前回収	1,000	4	
8	食費		4	
9	お釣り		4	
10				

買ったモノを入力

お釣りを確認したい

	A	B	C	D
1		価格	個数	合計
2	お弁当	500	4	❸B2＊C2
3	ジュース	100	4	B3＊C3
4	合計	❶B2+B3	C2+C3	D2+D3
5				
6		1人あたり	人数	合計
7	事前回収	1,000	4	B7＊C7
8	食費	B4	4	★D4
9	お釣り	❹D9／C9	4	❷D7－D8
10				

数式の入力で自動計算する

★	セル名
❶足し算	セル名＋セル名
❷引き算	セル名－セル名
❸掛け算	セル名＊セル名
❹割り算	セル名／セル名

	A	B	C	D
1		価格	個数	合計
2	お弁当	500	4	2,000
3	ジュース	100	4	400
4	合計	600	8	2,400
5				
6		1人あたり	人数	合計
7	事前回収	1,000	4	4,000
8	食費	600	4	2,400
9	お釣り	400	4	1,600
10				

計算結果が反映された

セルのコピー（複写）

表計算ソフトでは，セルの数式や参照をコピーして使うことができます。セルのコピーには，相対参照と絶対参照の２種類があります。

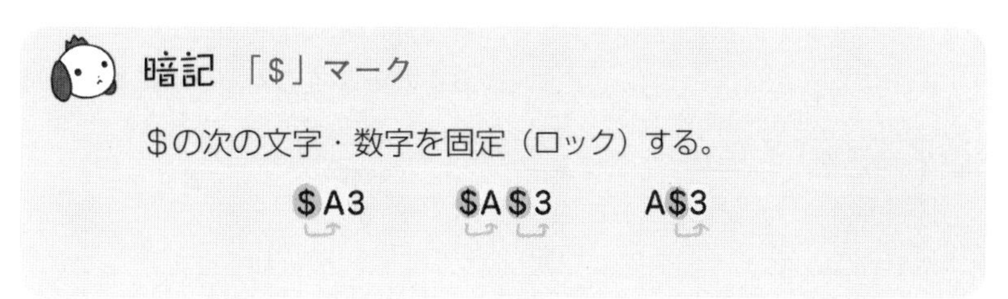

🐾相対参照

	A	B	C	D
1		価格	個数	合計
2	お弁当	500	4	
3	ジュース	100	4	
4	合計	B2+B3	──────	──────▶

⇩ B4のセルをC4とD4にコピーする。

	A	B	C	D
1		価格	個数	合計
2	お弁当	500	4	
3	ジュース	100	4	
4	合計	B2+B3	C2+C3	D2+D3

C4セルは，4＋4＝8

🐾絶対参照

	A	B	C	D
1		価格	個数	合計
2	お弁当	500	4	
3	ジュース	100	4	
4	合計	$B2+$B3	──────	──────▶

⇩ B4のセルの行をロック後，C4とD4にコピー。

	A	B	C	D
1		価格	個数	合計
2	お弁当	500	4	
3	ジュース	100	4	
4	合計	$B2+$B3	$B2+$B3	$B2+$B3

C4セルは，500＋100＝600

条件分け

IF関数は，条件分けをおこなうために利用されます。

IF（条件，真の場合，偽の場合）

「真の場合」とは，条件に一致する場合に，セルに表示する値のことです。

「偽の場合」とは，条件に一致しない場合に，セルに表示する値のことです。

	A	B	C	D	E
1	商品コード	商品名	価格	個数	在庫があるか
2	101	リンゴ飴	400	5	IF（D2＞0，'有'，'無'）
3	102	イチゴ飴	200	0	IF（D3＞0，'有'，'無'）
4	103	ミカン飴	300	1	IF（D4＞0，'有'，'無'）
5	104	メロン飴	500	0	IF（D5＞0，'有'，'無'）
6	105	ブドウ飴	300	2	IF（D6＞0，'有'，'無'）

もしD2～6の数値が0より大きいなら「有」と表示し，そうでないなら「無」と表示するという関数を入力

	A	B	C	D	E
1	商品コード	商品名	価格	個数	在庫があるか
2	101	リンゴ飴	400	5	有
3	102	イチゴ飴	200	0	無
4	103	ミカン飴	300	1	有
5	104	メロン飴	500	0	無
6	105	ブドウ飴	300	2	有

■関数

表計算ソフトでは，数式以外にも関数が使えます。関数の説明は試験問題の最後のページにも書いてあるので，わからなくなったときには，試験中に確認できます。ここでは，意味と使い方を理解しておきましょう。

関数	セルへの書き方	説　明
合計	合計（A1～5）	指定したセルの**合計**を計算
平均	平均（A1～5）	指定したセルの**平均**を計算
平方根	平方根（A1）	指定したセルの**平方根**を計算
標準偏差	標準偏差（A1～5）	指定したセルの**標準偏差**を計算
最大	最大（A1～5）	指定したセルの**最大**を表示
最小	最小（A1～5）	指定したセルの**最小**を表示
整数部	整数部（A1）	指定したセルの**整数部**を表示
剰余	剰余（A1）	指定したセルの**剰余**を表示
絶対値	絶対値（A1）	指定したセルの**絶対値**を表示
個数	個数（A1～5）	指定したセルの**個数**を表示
IF	IF（条件，真，偽）	条件分けを行う
条件付個数	条件付個数（条件，A1～5）	指定したセルの条件付個数を表示

Chapter12-01

過去問演習

関数

Q 1　表計算ソフトを用いて，ワークシートに示す各商品の月別売上額データを用いた計算を行う。セルE２に式“条件付個数（B２：D２，>15000）”を入力した後，セルE３とE４に複写したとき，セルE４に表示される値はどれか。

	A	B	C	D	E
1	商品名	1月売上額	2月売上額	3月売上額	条件付個数
2	商品A	10,000	15,000	20,000	
3	商品B	5,000	10,000	5,000	
4	商品C	10,000	20,000	30,000	

ア　0　　イ　1　　ウ　2　　エ　3

解説　E2に入力した条件式をE4に複写すると“条件付個数（B4：D4，>15000）”となるので，これに当てはまる個数を考える。B４からD４の中で15000より大きい数値は「C４の20000」と「D４の30000」の２つなのでウが正解。

正解　ウ　　（2020年秋期 問71）

関数

Q 2　表計算ソフトを用いて社員コード中のチェックディジットを検算する。社員コードは３けたの整数値で，最下位の１けたをチェックディジットとして利用しており，上位２けたの各けたの数を加算した値の１の位と同じ値が設定されている。セルB２に社員コードからチェックディジットを算出する計算式を入力し，セルB２をセルB３～B５に複写するとき，セルB２に入力する計算式のうち，適切なものはどれか。

	A	B
1	社員コード	チェックディジット
2	370	
3	549	
4	538	
5	763	

ア　10－整数部（A２／100）＋剰余（整数部（A２／10），10）

イ　剰余（10－整数部（A２／100）＋整数部（A２／10），10）

ウ　剰余（整数部（A２／100）＋剰余（整数部（A２／10），10），10）

エ　整数部（(整数部（A２／100）＋整数部（A２／10)）／10）

解説　B２に入る数値を求める。３＋７＝10，下１桁は０であり，B２には０が入る。選択肢を計算して，正解を探す。

①整数部（370／100）→ 3.70の整数部分なので，３。

②整数部（370／10）→ 37.0の整数部分なので，37。

③剰余（整数部（370／10），10）→ 剰余（37，10）→ 37÷10＝3.7の剰余は７。

ア　10－整数部（370／100）＋剰余（整数部（370／10），10）　＝10－①＋③ → 10－３＋７ → 14

イ　剰余（10－整数部（370／100）＋整数部（370／10），10）　＝剰余（10－①＋②，10）→ 剰余（10－３＋37，10）→ 剰余（44，10）　→ 44÷10＝4.4の剰余なので，４となる。

ウ　剰余（整数部（370／100）＋剰余（整数部（370／10），10），10）　＝剰余（①＋③，10）→ 剰余（３＋７，10）　→ 10÷10＝1.0の剰余なので，０となる。正解。

エ　整数部（(整数部（370／100）＋整数部（370／10)）／10）　＝整数部（(①＋②）／10）→ 整数部（(３＋37）／10）→ ４

正解　ウ　（2010年秋期 問61）

関数

Q３　セルD２とE２に設定した２種類の仮の消費税率でセルA４とA５の商品の税込み価格を計算するために，セルD４に入れるべき計算式はどれか。ここで，セルD４に入力する計算式は，セルD５，E４及びE５に複写して使うものとする。

	A	B	C	D	E
1				消費税率１	消費税率２
2			税率	0.1	0.2
3	商品名	税抜き価格		税込み価格１	税込み価格２
4	商品A	500		550	600
5	商品B	600		660	720

ア　B４＊（1.0+D２）　　イ　B$４＊（1.0+D$２）

ウ　$B４＊（1.0+D$２）　　エ　B４＊（1.0+$D２）

解説　考えるのは，①D４の計算式を求める，②D５，E４，E５に複写すること。
①D４=500×（1.0+0.1）→ B４＊（1.0+D２）
②D５に複写するとき，D２の税率0.1をそのまま使いたい。また，E４に複写するときは，E２の税率0.2を使いたい。このため，行数を固定すればいいので，$２となる。また，D５に複写するとき，税抜き価格はB５を使いたい。E４に複写するのときは，B４を使いたい。このため，列を固定すればいいので，$Bとなる。
よって，D４=$B４＊（1.0+D$２）となり，ウが正解。
正解　ウ　（2010年春期 問55）

表計算

Q４　ある商品の月別の販売数を基に売上に関する計算を行う。セルB１に商品の単価が，セルB３～B７に各月の商品の販売数が入力されている。セルC３に計算式“B$１＊合計（B$３：B３）／個数（B$３：B３）”を入力して，セルC４～C７に複写したとき，セルC５に表示される値は幾らか。

	A	B	C
1	単価	1,000	
2	月	販売数	計算結果
3	4月	10	
4	5月	8	
5	6月	0	
6	7月	4	
7	8月	5	

ア　6　　イ　6,000　　ウ　9,000　　エ　18,000

解説　$は絶対参照を示していて，$の次の文字を固定する機能がある。$が付いていないものは相対参照で，計算式を他のセルに複製したとき，計算式が変化する。
セルC３に計算式“B$１＊合計（B$３：B３）／個数（B$３：B３）”を入力しセルC５に複写すると，セルC５の計算式は次のように変化する。
B$１＊合計（B$３：B５）／個数（B$３：B５）
この計算式に数字を当てはめると次のように計算できる。
1,000×（10＋８＋０）÷３=6,000
正解　イ　（2019年秋期 問76）

Chapter13

ハードウェア

01　コンピュータの装置

✏ コンピュータの構成を理解する。

ここからは，コンピュータの構成を学んでいきます。まずはコンピュータを物理的に構成しているハードウェアから見ていきましょう。

■コンピュータの構成

コンピュータは次のもので成り立っています。

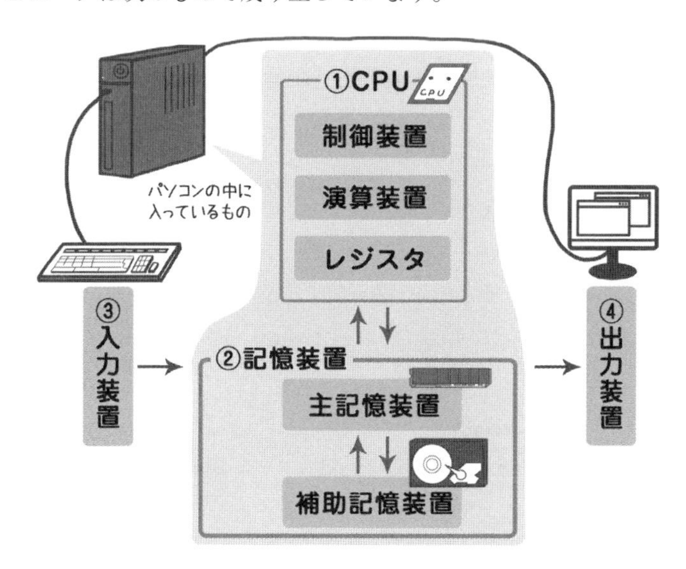

①CPU

制御装置と演算装置を合わせてプロセッサといい，中心的なプロセッサが「CPU（Central Processing Unit）」です。計算，処理，制御をする，コンピュータの中心部分です。

🐾制御装置

「入力装置」「出力装置」「記憶装置」「演算装置」「レジスタ」を制御する装

置を「制御装置」といいます。

みんながうまく動くように指示する役割を担います。

🐾演算装置

論理演算・四則演算をおこなう装置が「演算装置」です。コンピュータ処理はここでおこなわれています。

🐾レジスタ

CPUの中にあり，CPUがデータを扱うときに**一時的に使われる記憶装置**が「レジスタ」です。

🐾マルチコアプロセッサ

１つのCPU内に演算などをおこなう処理回路を複数個持ち，それぞれが同時に別の処理を実行することで，処理能力が向上します。

②記憶装置

プログラムやデータを記憶する装置を「記憶装置」といいます。

🐾主記憶装置

内部：メインメモリ，RAM（ラム）

- 補助記憶装置と比べると高速
- 記憶容量が小さい
- 電源の供給がなくなると内容が消える
- **一時的な記憶**

🐾補助記憶装置

内部：ハードディスク，SSD

外部：USBメモリ，SDカード，CD-ROM，DVD-ROM，Blu-ray Disc

- 主記憶装置と比べて低速
- 記憶容量が大きい
- 電源の供給がなくなっても内容を保持
- **長期的な記憶**

③入力装置

コンピュータにプログラムやデータを入力する装置を「入力装置」といいます。

▶**例**　キーボード，マウス，タブレット，タッチパネル，スキャナ

④出力装置

コンピュータから処理結果を出力する装置を「出力装置」といいます。

▶**例**　ディスプレイ，プロジェクタ，プリンタ，３Dプリンタ

コンピュータの５大装置

「制御装置」「演算装置」「記憶装置」「入力装置」「出力装置」を，コンピュータの５大装置といいます。コンピュータが動くために，なくてはならないものです。

暗記　データの読み書きが高速な順

（高速）　　（遅い）
レジスタ＞主記憶装置＞補助記憶装置

揮発性と不揮発性

揮発性メモリとは，電気を供給しないと記憶できないメモリです。一方，不揮発性メモリ（フラッシュメモリ）とは，電気を供給しなくても記憶を保持できるメモリです。

Chapter13-01

過去問演習

ハードディスク

Q 1　仮想記憶を利用したコンピュータで，主記憶と補助記憶の間で内容の入替えが頻繁に行われていることが原因で処理性能が低下していることが分かった。この処理性能が低下している原因を除去する対策として，最も適切なものはどれか。ここで，このコンピュータの補助記憶装置は１台だけである。

ア　演算能力の高いCPUと交換する。

イ　仮想記憶の容量を増やす。

ウ　主記憶装置の容量を増やす。

エ　補助記憶装置を大きな容量の装置に交換する。

解説　主記憶装置の容量が少ないために補助記憶装置へ内容を移動させていると判断できるので，主記憶装置の容量を増やせば内容の入れ替えが少なくなる。

正解　ウ　（2020年秋期 問59）

データの読み書きの速度

Q 2　データの読み書きが高速な順に左側から並べたものはどれか。

ア　主記憶，補助記憶，レジスタ　　イ　主記憶，レジスタ，補助記憶

ウ　レジスタ，主記憶，補助記憶　　エ　レジスタ，補助記憶，主記憶

解説　レジスタとは，CPU内の記憶装置のこと。パソコンの情報は，CPU→メモリ→ハードディスクの順番に記録され，データの読み書きの処理スピードもこの順番と同じ並びになる。高速な順番は，レジスタ（CPU）>主記憶（メインメモリ）>補助記憶（ハードディスク）であり，ウが正解。

正解　ウ　（2011年秋期 問79）

02　CPU

①クロック周波数とは何か理解する。
②シングルタスクとマルチタスクの違いを理解する。

CPU（Central Processing Unit）はP.261で出てきたように，計算，処理，制御をする，コンピュータの中心部分です。CPUについてもっと詳しく学んでいきましょう。

クロック周波数

クロック周波数とは，コンピュータの各装置が動くテンポのことです。クロック周波数によって，CPUがどんな速度で処理できるか決まってきます。

クロック

クロックというのは１周期のことです。余談ですが，周期というのは電圧の１周期です。電力は高い電圧と低い電圧を繰り返していて，この１周期を１クロックとよんでいるのです。

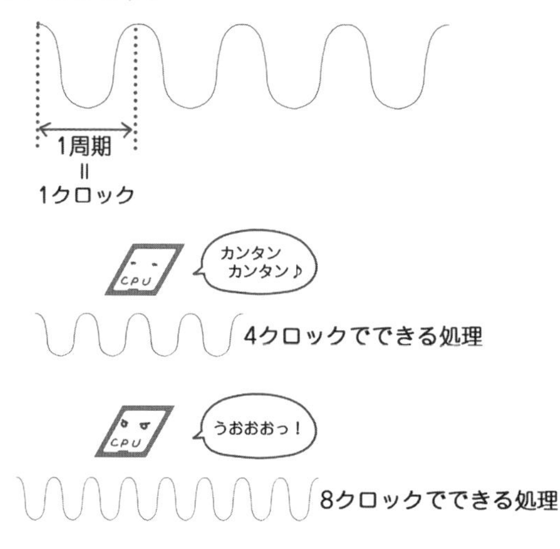

🐾クロックとヘルツ

1秒間に何クロックあるかを表すのがヘルツ（Hz）です。

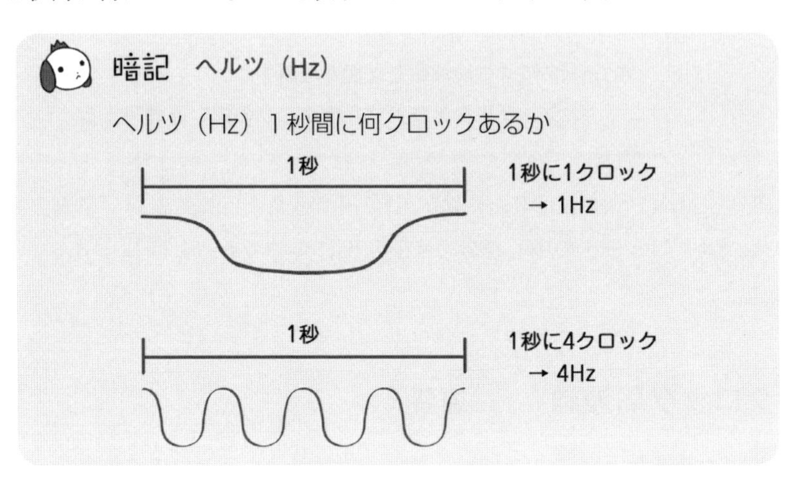

したがって…

1 MHz ：1秒間に1,000,000回の周波数

1 GHz ：1秒間に1,000,000,000回の周波数

単位 k（キロ），M（メガ），G（ギガ），T（テラ），m（ミリ），μ（マイクロ），n（ナノ），p（ピコ）

■プログラムカウンタ

CPUが実行すべきたくさんの命令がある場合，現在，命令されたプログラムがどこまで進んでいるか，カウントすることをプログラムカウンタ（プログラムレジスタ）といいます。

シングルタスクとマルチタスク

1つのタスクしか実行できないことをシングルタスク，複数のタスクを同時に実行することをマルチタスクとよびます。マルチタスクは，CPUの使い方を変化させることで実現します。

シングルタスク

CPUは処理①→処理②→処理③と順に実行していきます。

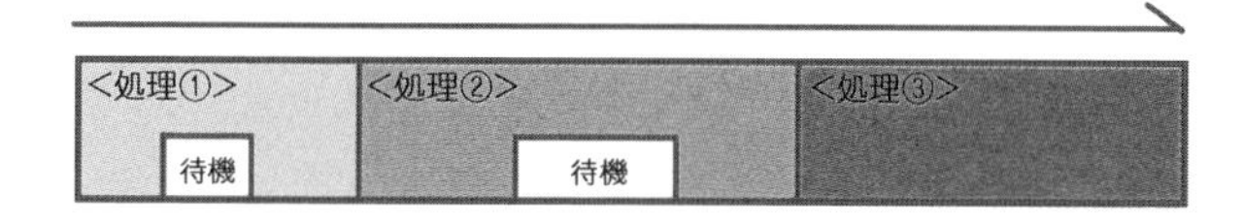

マルチタスク

CPUは処理①の待機時間に処理②を，処理②の待機時間に処理③を実行するので，見た目では，たくさんの処理が**同時に動いているように見えます**。

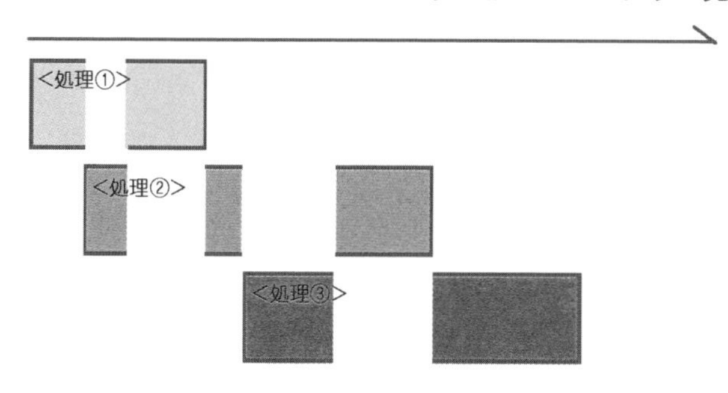

GPU

GPU（Graphics Processing Unit）とは，画像処理に特化したプロセッサです。CPUと比較して複雑な処理は劣りますが，単純な大量の演算処理に向いています。PCやスマートフォンなどの表示画面の画像処理用のチップや，AIにおける膨大な計算処理にも利用されています。

Chapter13-02

過去問演習

プロセッサ

Q 1　プロセッサに関する次の記述中のａ，ｂに入れる字句の適切な組合せはどれか。

<a>は<b>処理用に開発されたプロセッサである。CPUに内蔵されている場合も多いが，より高度な<b>処理を行う場合には，高性能な<a>を搭載した拡張ボードを用いることもある。

	a	b
ア	GPU	暗号化
イ	GPU	画像
ウ	VGA	暗号化
エ	VGA	画像

解説　GPUは画像処理用に開発されたプロセッサなのでイが正解。なお，VGAは画像を表示させるモニタの名称。

正解　イ　（2019年秋期 問95）

クロックの計算

Q 2　クロック周波数が1.6GHzのCPUは，４クロックで処理される命令を１秒間に何回実行できるか。

ア　40万　　イ　160万　　ウ　４億　　エ　64億

解説　クロック周波数の意味を考えれば，解き方がわかる。クロック周波数とは１秒間に１クロックの命令を何回処理できるかということ。

<単位について>

k（キロ）＝10^3＝1,000

M（メガ）＝10^6＝1,000×1,000（100万）

G（ギガ）＝10^9＝1,000×1,000×1,000（10億）

「それぞれ，３ケタずつ増えていく」と覚えておこう。

クロック周波数　1.6GHz

→　１秒間に１クロックの命令を16億回処理できる。

→　１秒間に４クロックの命令を４億回実行できる。ウが正解。

正解　ウ　（2011年春期 問60）

03　補助記憶装置

補助記憶装置の種類と特徴を覚える。

補助記憶装置はP.262で出てきたように，大容量かつ電源の供給がなくても内容を保持できる記憶装置です。補助記憶装置にはたくさんの種類がありますので，それぞれについて詳しく説明していきます。

HDD（Hard Disk Drive）

特徴
・堅い円盤に磁気を塗ったもの
・高速回転する
・パソコンでは中に組み込まれていることが多い。

CD（Compact Disc）

特徴
・光ディスク
・もとは音楽用に開発されたが，音楽だけでなくコンピュータに挿入してデータを保存できる。

DVD

特徴
・光ディスク
・CDと比較して大量のデータを保存することができる。
・読み取り専用，１度だけ書き込めるもの，書き換え可能なものがある。

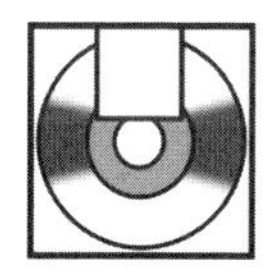

MO（Magneto-Optical disc）

特徴
・光ディスク
・磁気を使ってデータを保存する。

磁気テープ

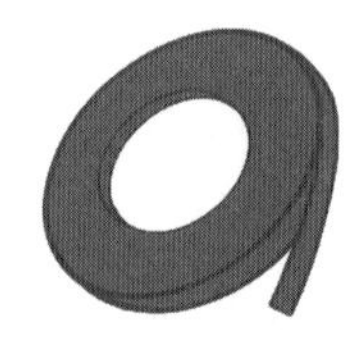

特徴
・ふだん目にするのはDAT（音声テープ）やVHS（ビデオテープ）であるが，コンピュータの磁気テープもある。
・高価だが記憶容量が大きいので，企業のサーバのバックアップ用に使われる。

SSD（Solid State Drive）

特徴
・半導体素子メモリを用いた記憶装置

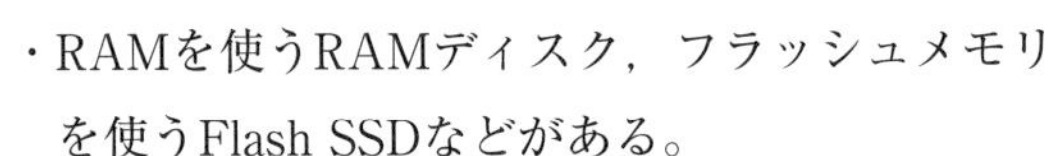

・RAMを使うRAMディスク，フラッシュメモリを使うFlash SSDなどがある。

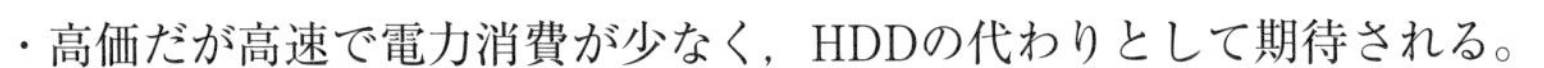

・高価だが高速で電力消費が少なく，HDDの代わりとして期待される。

補足　**フラッシュメモリとは？**

フラッシュメモリとは，データの読み書きが自由にでき，電源を切ってもデータが消えない半導体メモリのこと。①書き換え可能，②電源がなくてもデータが保存される，③半導体であるという特徴がある。

SDカード（Secure Digital memory card）

特徴
・フラッシュメモリの１つ。
・書き換え可能。
・小型で使いやすい。

無停電電源装置（UPS）

無停電電源装置とは，コンピュータへ供給される電力がストップするのを防ぐ装置です。個人で利用するパソコンならまだしも，企業のサーバへ供給される電力が止まってしまったら大変です。補助記憶装置に記憶させていないデータはすべて消えてしまいます。無停電電源装置は重要な役割を担っています。

暗記　**無停電電源装置**

停電時に，コンピュータへ一時的に電力を供給する。

Chapter13-03

過去問演習

フラッシュメモリ

Q 1　フラッシュメモリに関する記述として，適切なものはどれか。

ア　一度だけデータを書き込むことができ，以後読出し専用である。

イ　記憶内容の保持に電力供給を必要としない。

ウ　小型化が難しいので，ディジタルカメラの記憶媒体には利用されない。

エ　レーザ光を用いてデータの読み書きを行う。

解説　フラッシュメモリの特徴は，①書き換え可能，②電源がなくてもデータが保存される，③半導体であること。イが正解。SDカードをイメージしよう。

ア　マスクROMの説明。

ウ　フラッシュメモリは小型化・大容量化が可能であり，代表例であるSDカードは，ディジタルカメラやスマートフォンの記憶媒体に利用されている。

エ　レーザ光を用いるのはCDやDVD。

正解　イ　　(2010年春期 問81)

電圧の異常

Q 2　停電や落雷などによる電源の電圧の異常を感知したときに，それをコンピュータに知らせると同時に電力の供給を一定期間継続して，システムを安全に終了させたい。このとき，コンピュータと電源との間に設置する機器として，適切なものはどれか。

ア　DMZ　　イ　CPU　　ウ　UPS　　エ　VPN

解説　「電力の供給を一定期間継続」より無停電電源装置（UPS）とわかる。ウが正解。

ア　内部と外部のネットワークの間に設置され，ファイアウォールに囲まれているもの。

イ　計算，処理，制御をする，コンピュータの中心部分。

エ　インターネットの仮想的な専用回線。

正解　ウ　　(2017年秋期 問74)

04 記憶装置の組み合わせ

RAIDの種類と特徴を理解する。

複数の記憶装置を組み合わせて機能を強化する方法について学びます。

RAID

RAID(レイド)(Redundant Arrays of Inexpensive Disks) とは，複数の記憶装置を組み合わせて１つの装置として扱う方法です。高速性や耐障害性を高めるために利用されます。

RAID０からRAID10まで方法があり，ユーザはコンピュータの状況に応じたRAIDを選択することができます。以下に，代表的な方法を記載します。

RAID０（ストライピング）

特徴　・複数の記憶装置にデータを分散して同時並行で記録する。
　　　・高速性を高めるための方法

RAID１（ミラーリング）

特徴　・２つの記憶装置に同じデータを同時に記録する。
　　　・耐障害性（可用性）を高めるための方法

RAID５

特徴　・複数の記憶装置に，パリティとよばれる誤り訂正符号と共に，データを分散させて記録する。

RAID６

特徴　・複数の記憶装置に，パリティとよばれる誤り訂正符号を２つ作成し，データを分散させて記録する。

05　その他の記憶装置

キャッシュメモリの役割を理解する。

ここでは，特殊な役割を持つ記憶装置について学びます。

キャッシュメモリ

キャッシュメモリとは，CPUと主記憶装置の間に構成され，データの読み書きを高速にするメモリのことです。

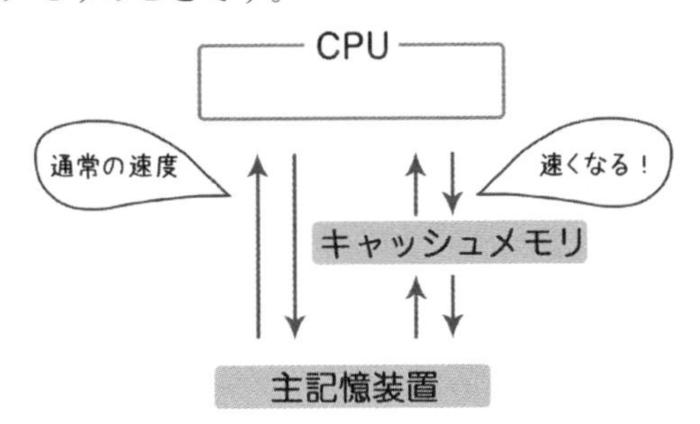

仮想記憶

仮想記憶とは，メモリ管理をして仮想メモリをつくることで，本来のメモリ以上のメモリを利用できるようになります。

Chapter13-04～05

過去問演習

RAID 1（ミラーリング）

Q 1　RAID 1（ミラーリング）の特徴として，適切なものはどれか。

ア　2台以上のハードディスクに同じデータを書き込むことによって，データの可用性を高める。

イ　2台以上のハードディスクを連結することによって，その合計容量をもつ仮想的な1台のハードディスクドライブとして使用できる。

ウ　一つのデータを分割し，2台以上のハードディスクに並行して書き込むことによって，書込み動作を高速化する。

エ　分割したデータと誤り訂正のためのパリティ情報を3台以上のハードディスクに分散して書き込むことによって，データの可用性を高め，かつ，書込み動作を高速化する。

解説　RAID 1（ミラーリング）の特徴は，**複数台のハードディスクに同じデータを書き込むこと**。RAID 0～10まであるが，RAID 0（ストライピング），RAID 1（ミラーリング）だけ覚えておけば大丈夫。

イ　RAID 0（ストライピング）の説明。

ウ　ディスクストライピングの説明。

エ　RAID 5（パリティ）の説明。

正解　ア　（2011年秋期 問82）

RAID

Q 2　RAIDの利用目的として，適切なものはどれか。

ア　複数のハードディスクに分散してデータを書き込み，高速性や耐故障性を高める。

イ　複数のハードディスクを小容量の筐（きょう）体に収納し，設置スペースを小さくする。

ウ　複数のハードディスクを使って，大量のファイルを複数世代にわたって保存する。

エ　複数のハードディスクを，複数のPCからネットワーク接続によって同時に使用する。

解説　RAID（レイド）の特徴は①**複数のハードディスク**，②**高速**，③**故障しても大丈夫**なこと。RAIDを使うことで，ハードディスクが1台壊れても，他のハードディスクから復元できる仕組みを準備していると考えるとわかりやすい。

正解　ア　（2009年秋期 問78）

キャッシュメモリ

Q 3　CPUのキャッシュメモリに関する説明のうち，適切なものはどれか。

ア　キャッシュメモリのサイズは，主記憶のサイズよりも大きいか同じである。

イ　キャッシュメモリは，主記憶の実効アクセス時間を短縮するために使われる。

ウ　主記憶の大きいコンピュータには，キャッシュメモリを搭載しても効果はない。

エ　ヒット率を上げるために，よく使うプログラムを利用者が指定して常駐させる。

解説　キャッシュメモリとは，CPUと主記憶装置の間に構成され，データの読み書きを高速にするメモリのこと。「実効アクセス時間を短縮」との文言より，イが正解。

正解　イ　（2017年春期 問92）

06 ハードウェアインタフェース

種類と用途を理解する。

ハードウェアインタフェースとは，ハードウェアとハードウェアを接続する場合の規格のことをいいます。主な規格は次のようになっています。

IEEE1394

IEEE1394（アイトリプルイー）とは，コンピュータに周辺機器を接続するインタフェースの規格です。USBと同様の性能を持っているライバルどうしで，コンピュータと周辺機器の接続では普及が遅れましたが，パソコンとビデオカメラの接続機器として知られています。

USB

USB（Universal Serial Bus）とは，コンピュータに周辺機器を接続するインタフェースの規格です。現在広く普及している規格で，ハードディスク・プリンタなどさまざまな周辺機器をパソコンに接続するときに使われます。

また，電力消費が少ない周辺機器は，電源に接続することなしにUSB接続するだけで電力供給を得ることができることも特徴です。

USBは，USB1.1，USB2.0，USB3.0と規格が変わるごとに転送速度が上がっています。また，コネクタにもいくつか種類があり，イラストのUSB Type-Aやプリンタなどで使われるUSB Type-B，速い転送速度に対応したUSB Type-Cも使われています。

ネットワークインタフェースカード

ネットワークインタフェースカードとは，PCやプリンタなどをLANに接続し，通信をおこなうインタフェースの規格です。

Bluetooth

Bluetooth（ブルートゥース）とは，PCと周辺機器などを無線で接続するインタフェースの規格です。

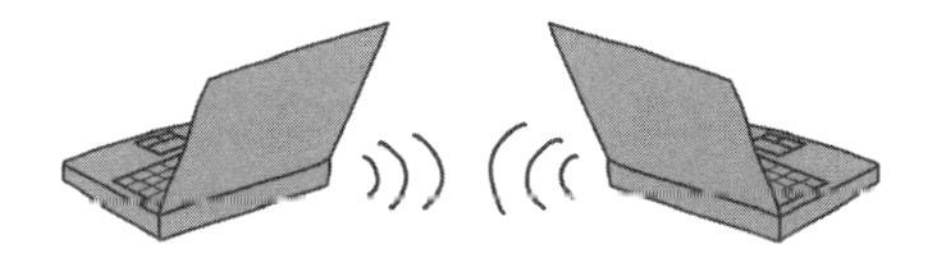

HDMI

HDMI（High-Definition Multimedia Interface）とは，パソコンからディスプレイなどに映像，音声を入出力するインタフェースの規格です。

画質，音質が劣化しないことが特徴的です。

IoTデバイス

IoTデバイスとは，IoT（モノのインターネット）で，インターネットに接続されているモノのことです。センサにより情報を収集したり，アクチュエータにより電気信号を動作に変えて動かしたりします。

デバイスドライバ

デバイスドライバは，周辺機器を制御するためのソフトウェアです。

ハードウェアインタフェースを用いてPCに接続された周辺機器を，アプリケーションプログラムから利用するためには，デバイスドライバが必要です。

Chapter13-06

過去問演習

ネットワークインタフェースカード

Q 1 ネットワークインタフェースカードの役割として，適切なものはどれか。

ア PCやアナログ電話など，そのままではISDNに接続できない通信機器をISDNに接続するための信号変換を行う。

イ PCやプリンタなどをLANに接続し，通信を行う。

ウ 屋内の電力線を使ってLANを構築するときに，電力と通信用信号の重ね合わせや分離を行う。

エ ホスト名をIPアドレスに変換する。

解説 ネットワークインタフェースカードの特徴は，パソコンのLANケーブルの挿口（ポート）。イが正解とわかる。インタフェース＝「接続する機器」と理解しておくと他の問題でも応用が効く。

ア TA（ターミナルアダプタ）の説明。アダプタ＝「変換機」と理解しておくと応用が効く。過去に人気があったISDNであるが，通信速度が遅いため，現在はADSLや光回線（FTTH）の利用者が多い。

ウ PLC（電力線搬送通信）モデムの説明。PLCモデムを，別々のコンセントに接続すると，コンセントを通じてネットワークを接続することができる。LANケーブルの代わりをコンセントでおこなうイメージで理解しよう。

エ DNSサーバの機能の説明。

正解 イ　（2011年秋期 問58）

インタフェース

Q 2 PCと周辺機器などを無線で接続するインタフェースの規格はどれか。

ア Bluetooth　イ IEEE 1394　ウ PCI　エ USB2.0

解説 「無線で接続」するインタフェースの規格は，Bluetooth（ブルートゥース）か，Wi-Fi（ワイファイ）が有名。アが正解とわかる。

イ IEEE 1394は，ケーブルで接続する有線通信の規格。

ウ PCIは，CPUと周辺機器を接続するためのバスの規格。

エ USB2.0は，ケーブルで接続する有線通信の規格。

正解 ア　（2011年秋期 問88）

USB

Q 3　USBに関する記述のうち，適切なものはどれか。

ア　PCと周辺機器の間のデータ転送速度は，幾つかのモードからPC利用者自らが設定できる。

イ　USBで接続する周辺機器への電力供給は，全てUSBケーブルを介して行う。

ウ　周辺機器側のコネクタ形状には幾つかの種類がある。

エ　パラレルインタフェースであり，複数の信号線でデータを送る。

解説　USBのコネクタ形状には，Type-A，Type-Cなどの種類がある。ウが正解。

ア　データ転送速度には幾つかモードがあることは正しいが，PC利用者自らが設定できるわけではない。

イ　電力供給はUSBケーブルを介して行うこともあるが，別に電源ケーブルが用意されている場合もある。

エ　USBはシリアルインターフェース。なお，シリアルインターフェースは１本の信号線でデータのやり取りをし，パラレルインターフェースでは機器同士を複数の線でつないで同時に複数の信号をやり取りする。したがってパラレルインターフェースは，シリアルインターフェースより高速に伝送を行うことができる。

正解　ウ　(2017年秋期 問82)

07　ディスプレイと解像度

解像度とは何かを理解する。

解像度

解像度とは，画像の粗さのことです。ディスプレイの表示で画像の粗さを表現するときに使います。解像度を表す単位として，dpiやpixelが使われます。

dpi

dpi（dots per inch）とは，1インチをいくつのドットで分けるか，という意味です。

15×15　45×45　1000×1000

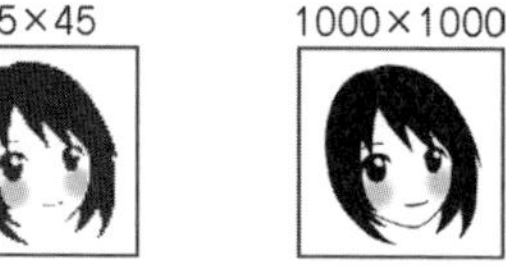

dpiが大きいほど画像はなめらかに見える

pixel

pixelとは，色情報の入った点のことです。ピクセルがいくつあるかによって画像の粗さを表します。

320　480
240　320

320×240　480×320

pixelが大きいほど画像は大きくなる

したがって，同じ画像を，画面解像度の違う画面で表示すると次のようになります。

ディスプレイの解像度
1280×1024

写真の解像度
1280×1024

ディスプレイの解像度
1024×768

写真の解像度
1280×1024

Chapter13-07

過去問演習

解像度を変更

Q 1　PCの画面表示の設定で，解像度を1,280×960ピクセルの全画面表示から1,024×768ピクセルの全画面表示に変更したとき，ディスプレイの表示状態はどのように変化するか。

ア　MPEG動画の再生速度が速くなる。

イ　画面に表示される文字が大きくなる。

ウ　縮小しないと表示できなかったJPEG画像が縮小なしで表示できるようになる。

エ　ディスプレイの表示色数が少なくなる。

解説　解像度を下げると，画面は拡大される。「文字が大きくなる」のでイが正解。
ア　解像度と動画の再生速度は関係がない。
ウ　画面が拡大されるため，JPEG画像は変更前より表示されない部分が増える。
エ　解像度と表示色数は関係がない。

正解　イ　(2010年春期 問73)

解像度の単位

Q 2　スキャナで写真や絵などを読み込むときの解像度を表す単位はどれか。

ア　dpi　　イ　fps　　ウ　pixel　　エ　ppm

解説　解像度の単位はdpi（dots per inch）。アが正解。
イ　fps（frames per second）は，動画のフレーム数を表す単位。
ウ　pixel（ピクセル）は，画像の色情報を持つ最小の単位。
エ　ppm（page per minute）は，プリンタの１分あたり印刷可能枚数を表す単位。

正解　ア　(2013年春期 問54)

08 ICカード

ICカードの特徴を理解する。

ICカードとは，データの記録や演算をするICタグを搭載したカードです。Suicaなどの乗車カード・電子マネーに使われています。

RFID

RFID（Radio Frequency IDentification）とは，ICタグによる非接触通信技術です。RFIDはICカードに利用されています。

特徴
- 無線通信をおこなえる。
- 無線LANのような長距離での通信はできず，ICタグを読み取り部に近づける必要がある。

ICカードと磁気カード

磁気カードは，カードに張り付けた磁気ストライプに情報を格納するカードです。ICカードの登場以降も，クレジットカードなどで使われています。

磁気カードとICカードの違いは次のとおりです。

相違点
- ICカードは磁気カードの数十～数千倍の情報量を記録できる。
- ICカードはカード内部で演算をおこなうことができる。
- ICカードは磁気カードに比べて偽造されにくい。
- ICカードは磁気カードに比べて高価である。

09 スマートフォン

用語の意味を理解する。

　近年，iPhoneやAndroid端末などのスマートフォンが急速に普及しています。同時に，スマートフォンより画面が大きいiPad，Kindleなどのタブレット端末も普及しています。新しく試験範囲に追加された用語ですので，押さえておきましょう。

スマートフォン

　電話，メールだけでなく，インターネット接続，カメラ，音楽再生などの機能を備えた多機能携帯電話を「スマートフォン」といいます。

▶**例**　代表的なOSはAndroid，iOS

タブレット端末

　インターネット接続や表計算，ワープロ機能などコンピュータとしての性能を持ち，タッチパネルとディスプレイを搭載した板状のコンピュータを「タブレット端末」といいます。

▶**例**　代表的なOSはAndroid，iOS

LTE

　LTE（Long Term Evolution）は第3世代携帯電話（3G）と第4世代携帯電話（4G）の間に位置する携帯電話システムですが，4Gに含められることもあります。

■テザリング

スマートフォンを使って，パソコンなどの電子機器をインターネットに接続する技術をテザリングといいます。

■パケット通信

データを，パケットという小さな単位に分割して送受信する方法をパケット通信といいます。

携帯電話で利用される場合，パケットの量に応じて課金されるものが従量制，パケットの量にかかわらず課金されるものが定額制とよばれます。

■オンラインストレージ

オンラインストレージとは，サービス提供企業のサーバの一部をユーザに貸し出すことをいいます。

▶**例**　代表的なサービスは，Dropbox，firestorageなど

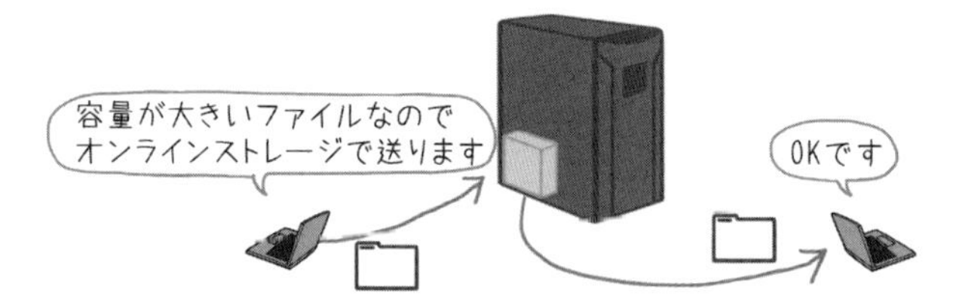

■拡張現実

拡張現実（AR：Augmented Reality）とは，現実世界を，コンピュータを利用して拡張することをいいます。

ウェアラブルデバイス（ウェアラブル端末）

ウェアラブルデバイスとは，身体の一部に装着するコンピュータのことです。腕時計に心拍数管理や電子マネーの機能が付いたアップルウォッチが有名です。

スマートデバイス

スマートデバイスとは，スマートフォンやタブレットなどの情報機器のことです。

Chapter14

ソフトウェア

01　ディレクトリ

①絶対パスと相対パスの違いを理解する。
②ワイルドカードの意味を理解する。

ディレクトリとは，コンピュータの記憶装置でファイルを管理する場所のことをいいます。WindowsやMacOSでいう「フォルダ」のことです。

ディレクトリの表し方

ディレクトリは，記号を使って表します。OSにより表し方が異なりますので，本書では便宜的にWindowsの表し方で説明していきます。

- UNIX系，Linux系，MacOSの記号　／（スラッシュ）
- Windowsの記号　￥（円記号）

ルートディレクトリと絶対パス

最上位のディレクトリをルートディレクトリといい，ルートディレクトリから木のような構造でディレクトリやファイルが連なっています。木のような構造なので，ツリー構造とよばれます。ルートディレクトリからのパス名でファイルを識別することを，絶対パスといいます。

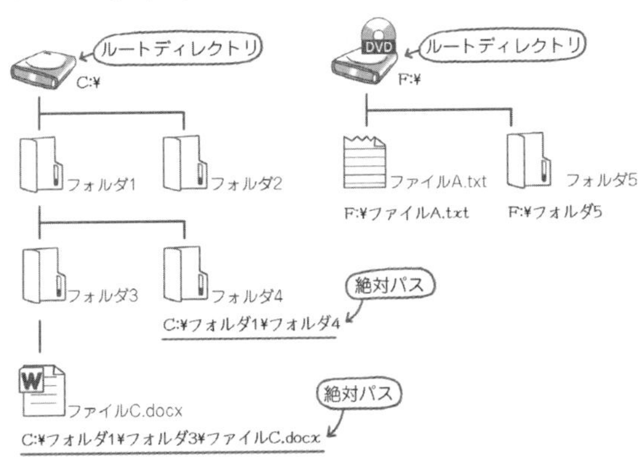

カレントディレクトリと相対パス

あるディレクトリからの相対的なパス名でファイルを識別することを相対パスといい，このとき基準となったディレクトリをカレントディレクトリといいます。

フォルダ１を基準となるディレクトリ（カレントディレクトリ）としたときの相対パス

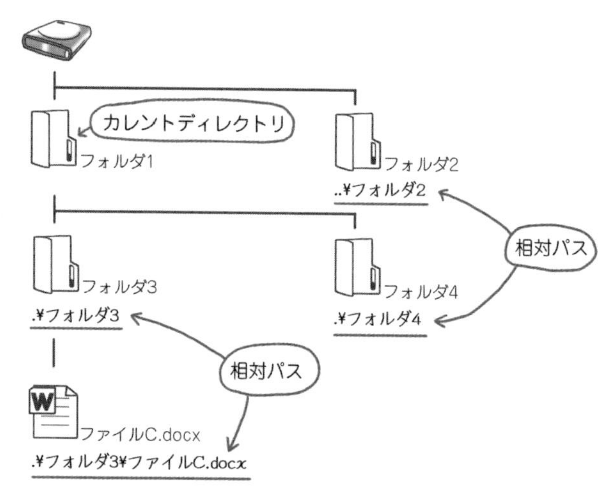

図のように，「.」はカレントディレクトリを表しており，また「..」はカレントディレクトリの１つ上のディレクトリを表しています。したがって，カレントディレクトリをどれにするかによって，各フォルダやファイルの相対パスは変わります。

ワイルドカード

ワイルドカードとは，任意の文字列・文字を表す字句のことです。たとえば次のように使います。

「%」が任意の数の任意の文字を表すとき

「a%」は，apple，ant，anyなどを表す。

「_」が任意の１文字を表すとき

「a_」は，at，ad，anなどを表す。

Chapter14-01

過去問演習

ディレクトリのファイル指定

Q 1　あるファイルシステムの一部が図のようなディレクトリ構造であるとき，＊印のディレクトリ（カレントディレクトリ）Ｄ３から矢印が示すディレクトリＤ４の配下のファイルaを指定するものはどれか。ここで，ファイルの指定は，次の方法によるものとする。

〔指定方法〕

(1)　ファイルは，“ディレクトリ名\…\ディレクトリ名\ファイル名”のように，経路上のディレクトリを順に“\”で区切って並べた後に“\”とファイル名を指定する。

(2)　カレントディレクトリは“.”で表す。

(3)　１階層上のディレクトリは“..”で表す。

(4)　始まりが“\”のときは，左端にルートディレクトリが省略されているものとする。

(5)　始まりが“\”，“.”，“..”のいずれでもないときは，左端にカレントディレクトリ配下であることを示す“.\”が省略されているものとする。

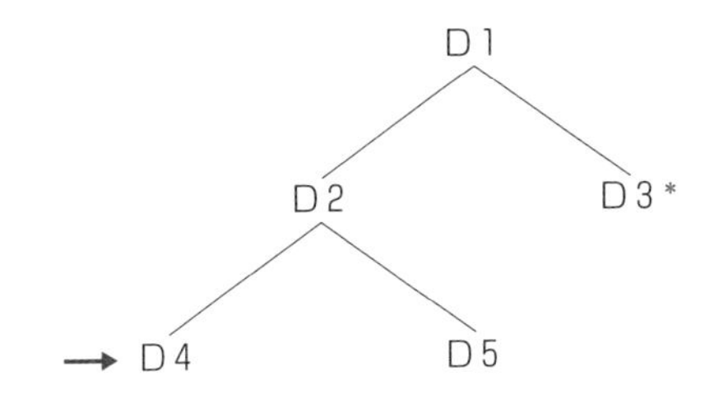

ア　..\..\D２\D４\a　　　イ　..\D２\D４\a

ウ　D１\D２\D４\a　　　エ　D２\D４\a

解説　現在Ｄ３に居て，Ｄ４にあるaというファイルを指定したい。図を見ると，Ｄ３→Ｄ１→Ｄ２→Ｄ４→aというルートを通ることになる。問題文より，指定方法のルールは次の２つ。

①上から下に呼び出すときは，“\”をつける。

②下から上に呼び出すときは，“..”をつける。

具体的に，ファイルの指定を組み立てていこう。

1．Ｄ３からＤ１へ移動するルートは，②になる。「..」

2．Ｄ１からＤ２，Ｄ４，aへ移動するルートは，①になる「\Ｄ２\Ｄ４\a」

3．合わせてみると，イの「..\Ｄ２\Ｄ４\a」が正解とわかる。

正解　イ

（2009年春期 問57）

ディレクトリファイル

Ｑ２　ファイルの階層構造に関する次の記述中のa，bに入れる字句の適切な組合せはどれか。

階層型ファイルシステムにおいて，最上位の階層のディレクトリを＜a＞ディレクトリという。ファイルの指定方法として，カレントディレクトリを基点として目的のファイルまでのすべてのパスを記述する方法と，ルートディレクトリを基点として目的のファイルまでの全てのパスを記述する方法がある。ルートディレクトリを基点としたファイルの指定方法を＜b＞パス指定という。

	a	b
ア	カレント	絶対
イ	カレント	相対
ウ	ルート	絶対
エ	ルート	相対

解説　最上位のディレクトリをルートディレクトリという。ルートディレクトリを基点としたファイルの指定方法を絶対パス指定という。

正解　ウ

（2019年秋期 問83）

ワイルドカード

Q 3　ワイルドカードに関する次の記述中のa，bに入れる字句の適切な組合せはどれか。

任意の1文字を表す“?”と，長さゼロ以上の任意の文字列を表す“＊”を使った文字列の検索について考える。<a>では，“データ”を含む全ての文字列が該当する。また，<b>では，“データ”で終わる全ての文字列が該当する。

	a	b
ア	?データ＊	?データ
イ	?データ＊	＊データ
ウ	＊データ＊	?データ
エ	＊データ＊	＊データ

解説　ワイルドカードとは，任意の文字列・文字を表す字句のこと。記述の設定では“＊”は「長さゼロ」つまり文字がないことも含まれるので「＊データ＊」とすれば“データ”も該当する。また“データ”で終わる全ての文字列のうち“偽データ”などであれば「?データ」でも良いが，“ビッグデータ”などすべての文字列が該当するためには「＊データ」とすべきである。

正解　エ　　(2019年秋期 問99)

02 OS

OSの機能と特徴を理解する。

OS（Operating System：オペレーティングシステム）とは，多くのアプリケーションを動作させるのに必要な，共通の機能を提供するシステムのことをいいます。

ハードウェア	コンピュータの物理的な装置
OS	基本的なシステム ▶Windows，MacOS，UNIX，Linux，iOS，Androidなど OSほど基本的な機能ではないが特定の分野では必ず必要とされる機能（ミドルウェア）を分けて表現されることもある。 ▶データベース管理システム（DBMS）など
アプリケーション	ユーザが特定の目的で使うソフトウェア ▶ワープロソフト，表計算ソフトなど

OSの機能

OSの機能としては次のようなものがあります。

ハードウェアの制御

異なるハードウェアでもOSが共通ならば，同じように使うことができます。

タスク管理

アプリケーションにCPUを割り当てます。

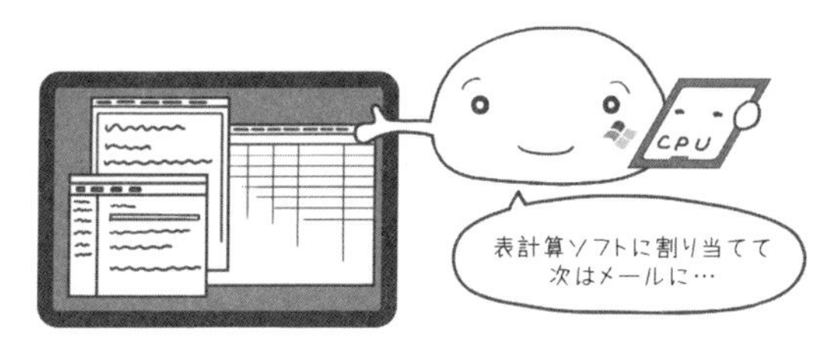

ファイルシステム

アプリケーションが動くときハードディスクやそのほかの記憶媒体の違いを意識しなくてもファイルにアクセスできます。

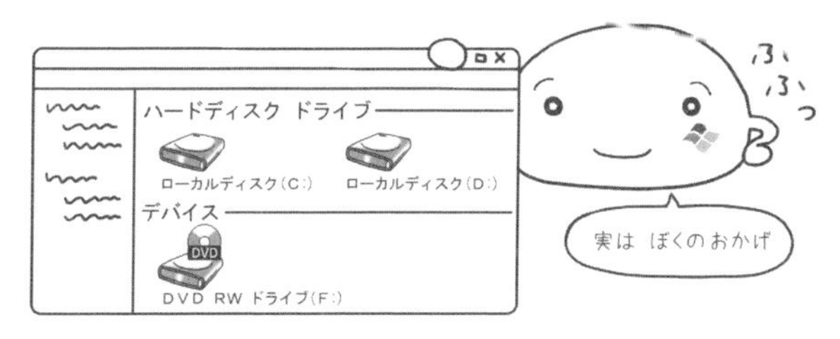

ユーザIDの登録，抹消の管理

ユーザIDの登録，抹消，またユーザ別アクセス権の管理も行います。

OSの特徴　重要！

OSの特徴としては次のようなものがあります。

特徴　・OSが異なっているとアプリケーションは共通して使えない。

　たとえばWindows用に開発されたアプリケーションは，MacOSでは動きません。

・文字コードの自動変換機能はない。

　文字コードとは，文字をコンピュータで扱うために割り当てられた数字のことです。

▶**例**　シフトJIS（ジス）コード（日本語文字コードの1つ。1文字を2バイトで表す），Unicode（ユニコード）（さまざまな言語を表すための文字コード。中国語や日本語など複雑な言語からの要請で，バイト数が多くなっている）など。

Chapter14-02

過去問演習

OS

Q 1　PCのOSに関する記述のうち，適切なものはどれか。

ア　1台のPCにインストールして起動することのできるOSは1種類だけである。

イ　64ビットCPUに対応するPC用OSは開発されていない。

ウ　OSのバージョンアップに伴い，旧バージョンのOS環境で動作していた全てのアプリケーションソフトは動作しなくなる。

エ　PCのOSには，ハードディスク以外のCD-ROMやUSBメモリなどの外部記憶装置を利用して起動できるものもある。

解説　OSは，①PCのハードウェアの制御，②アプリケーションの制御をおこなうもの。外部記憶装置を利用して起動できるものもあるので，エが正解。

OSの例はWindowsやMacOS，最近ではスマートフォン用OSのAndroidやiOS（iPhoneやiPad）が有名。

ア　Windows，MacOS，Linuxなど複数のOSをインストールして，起動時にどのOSで起動するのか選択することができる。

イ　ほとんどのPC用OSで64ビットCPUに対応している。

ウ　OSのバージョンアップに伴い，一部のアプリケーションソフトが動作しなくなることはあるが，全てのアプリケーションソフトが動作しなくなるわけではない。

正解　エ　　（2014年春期 問78）

03　アプリケーション

用語の意味を理解する。

アプリケーションとは，ユーザが特定の目的で使うソフトウェアのことです。文書作成ソフト，表計算ソフト，画像処理ソフトなどがあります。アプリケーションソフトウェアとよばれることもあります。

オフィスツール

オフィスツールとは，ビジネスで使われるソフトウェアです。文書作成ソフト，表計算ソフト，プレゼンテーションソフト，Webブラウザが含まれます。

プラグイン

プラグイン（Plug-in）とは，アプリケーションに組み込むことで，アプリケーションの機能を拡張するものをいいます。

特徴　・プラグインだけでは動かない。

　プラグイン単体では動作せず，本体アプリケーションに追加してはじめて機能します。

・バージョンアップ・削除

　プラグインだけでバージョンアップ可能で，不要になればアプリケーションに影響を与えずに削除できます。

■シンクライアント

シンクライアント（Thin Client）とは，アプリケーションの実行やファイルなどの資源の管理はすべてサーバ側でおこない，ユーザの持つ端末には最小限の機能しか持たせないコンピュータのことをいいます。

特徴
- 端末はハードディスクを持たない。
- 端末にデータが残らないので情報漏えいを防ぐ。
- データもアプリケーションプログラムもサーバで管理する。

■OSS

OSS（オーエスエス）（Open Source Software）とは，ソースコードが公開されているソフトウェアのことです。

暗記　OSSの要件と特徴

- 自由な再頒布ができる。
- ソースコードを入手できる。
- 公開されているOSSを改良した派生物をOSSとして公開できる。
- 適用領域やグループを差別しない。
  （たとえば「遺伝子技術に使用してはいけない」「Aさんは使用してはいけない」といった制限はできない。）
- 有料，無料で頒布できる。
- サポートサービスを有料にできる。
- 頒布の方法は自由
  （インターネットからダウンロード，CD-ROMで販売など）

ASP

ASP（エーエスピー）（Application Service Provider）とは，インターネット経由でユーザにアプリケーション（ソフトウェア）サービスを提供するプロバイダ（事業者）のことです。

アプレット

アプレット（Applet）とは，Webブラウザ上で動くプログラムのことです。

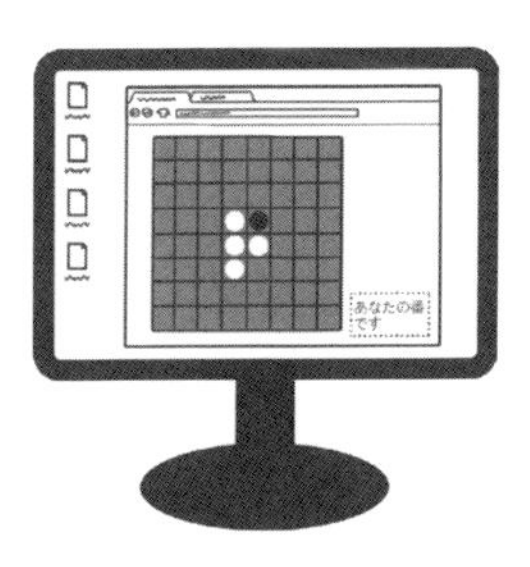

マルチメディアオーサリングツール

マルチメディアオーサリングツールとは，自分でプログラムを書かずにソフトウェアやコンテンツを作ることができるアプリケーションのことをいいます。画像，音声などの素材を画面上で組み合わせてコンテンツを作ることができます。

ヒューマンインタフェース

ヒューマンインタフェースとは，人と機械の間で情報をやり取りするインタフェースで，UI（ユーザインタフェース）ともいいます。人がモノに触れることで感じる体験をUX（ユーザエクスペリエンス）といいます。

Chapter14-03

過去問演習

オーサリングソフト

Q 1　マルチメディアを扱うオーサリングソフトの説明として，適切なものはどれか。

ア　文字や図形，静止画像，動画像，音声など複数の素材を組み合わせて編集しコンテンツを作成する。

イ　文字や図形，静止画像，動画像，音声などの情報検索をネットワークで簡単に行う。

ウ　文字や図形，静止画像，動画像，音声などのファイルの種類や機能を示すために小さな図柄で画面に表示する。

エ　文字や図形，静止画像，動画像，音声などを公開するときに著作権の登録をする。

解説　オーサリングソフトは，DVD編集するもので，DVDの中身を作るために使われる。「編集」と「コンテンツを作成」との文言より，アが正解とわかる。オーサリングソフトを使えば，プログラミングを知らずとも，コンテンツを作ることができる。結婚式の生い立ちDVDなどが自作できるようになったのも，オーサリングソフトが普及したためである。

正解　ア　（2009年秋期 問80）

シンクライアント

Q 2　シンクライアントの特徴として，適切なものはどれか。

ア　端末内にデータが残らないので，情報漏えい対策として注目されている。

イ　データが複数のディスクに分散配置されるので，可用性が高い。

ウ　ネットワーク上で，複数のサービスを利用する際に，最初に1回だけ認証を受ければすべてのサービスを利用できるので，利便性が高い。

エ　パスワードに加えて指紋や虹彩による認証を行うので機密性が高い。

解説　シンクライアントの特徴は，①端末がハードディスクを持たない，②端末にデータが残らないので，情報漏えいを防ぐ，③データもアプリもサーバで管理。アが正解とわかる。
イ　RAIDの特徴。
ウ　シングルサインオンの特徴。
エ　バイオメトリクス認証（生体認証）の特徴。
正解　ア　（2010年秋期 問81）

OSS（オープンソースソフトウェア）

Q 3　OSS（Open Source Software）であるDBMSはどれか。
ア　Android　イ　Firefox　ウ　MySQL　エ　Thunderbird

解説　OSSはソースコードが公開されているソフトウェアで，DBMSはデータベース管理システムである。これらのソフトウェアのうちMySQLはOSSのDBMSなのでウが正解。
ア　OSSのOS
イ　OSSのウェブブラウザ
エ　OSSの電子メールクライアント
正解　ウ　（2019年春期 問67）

OSS（オープンソースソフトウェア）

Q 4　OSS（Open Source Software）を利用した自社の社内システムの開発に関する行為として，適切でないものはどれか。
ア　自社でOSSを導入した際のノウハウを生かし，他社のOSS導入作業のサポートを有償で提供した。
イ　自社で改造したOSSを，元のOSSのライセンス条件に同業他社での利用禁止を追加してOSSとして公開した。
ウ　自社で収集したOSSをDVDに複写して他社向けに販売した。
エ　利用したOSSでは期待する性能が得られなかったので，OSSを独自に改造して性能を改善した。

解説　OSSの要件として，特定の個人やグループを差別しないというものがあり，「同業他社での利用禁止」は適切でない。イが正解。

正解　イ　(2017年春期 問93)

UX

Q 5　UX（User Experience）の説明として，最も適切なものはどれか。

ア　主に高齢者や障害者などを含め，できる限り多くの人が等しく利用しやすいように配慮したソフトウェア製品の設計

イ　顧客データの分析を基に顧客を識別し，コールセンタやインターネットなどのチャネルを用いて顧客との関係を深める手法

ウ　指定された条件の下で，利用者が効率よく利用できるソフトウェア製品の能力

エ　製品，システム，サービスなどの利用場面を想定したり，実際に利用したりすることによって得られる人の感じ方や反応

解説　「人の感じ方や反応」との文言より，エが正解。
ア　アクセシビリティの説明。
イ　CRMの説明。
ウ　ソフトウェア品質特性の「効率性」についての説明。

正解　エ　(2020年秋期 問18)

アプリケーション

Q 6　業務用ソフトウェアを，インターネットを経由して利用可能とするサービスとして，適切なものはどれか。

ア　ASP　イ　ERP
ウ　ISP　エ　SFA

解説　インターネットを経由してソフトウェアを提供するサービスはASPなのでアが正解。

正解　ア　(2012年春期 問26)

04　ファイルの形式

ファイル拡張子の種類を理解する。

ここでは，ファイルについて詳しく学びます。

ファイル拡張子

拡張子とは，ファイル名の一番右にある「.」以降の部分のことです。拡張子があることで，そのファイルの形式が識別されます。

テキストファイル

▶**例**　.txt（TXT）

画像ファイル

▶**例**　.jpg（JPEG）.png（PNG）.bmp（BMP）.gif（GIF）など

動画ファイル

▶**例**　.mpg（MPEG）.avi（AVI）.mov（MOV）など

補足　MPEGは音声ファイル（mp３）としても利用される。

ストリーミング

インターネットで映像や音声を視聴するとき，データをダウンロードしてから視聴するのではなく，ダウンロードしながら視聴することを「ストリーミング」といいます。

圧縮

圧縮とは，画像データや動画データの元の状態をなるべく保持しながら，データ量を小さくする技術のことをいいます。

Chapter15

プログラミング

01　コンピュータは２進数

内容を理解したら，過去問が解けるように練習しよう。

ここからは，プログラミングや機械語について学んでいきます。まずはコンピュータの機械語で利用されている２進数（しんすう）について見ていきましょう。

２進数とは

２進数は０と１で数値を表します。コンピュータは，情報を電気信号で把握します。そのため，ONとOFFの２つしか区別できないので，コンピュータが使う「機械語」は２進数を利用しています。

２進数と10進数

私たちが使っている０～９までの数字は10進数です。一方，２進数では，０と１だけで数値を表すことになります。

暗記　２進数と10進数

２進数
- ▶ 0と1だけ
- ▶ 機械語

$$\begin{array}{r} 1 \\ +\ 1 \\ \hline 10 \end{array}$$

10進数
- ▶ 0～9まで
- ▶ 日常で利用

$$\begin{array}{r} 1 \\ +\ 1 \\ \hline 2 \end{array}$$

2 進数と10進数の対応関係

試験問題では，２進数の数値を10進数で表す問題がよく出ます。

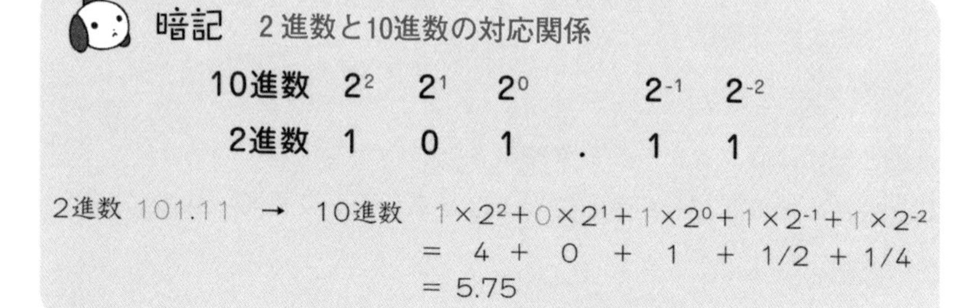

また，10進数の数値を２進数で表す問題も出題されます。解き方についてはP.307の過去問演習で説明します。

2 進数の足し算

２進数で足し算をおこなう場合を見ていきます。

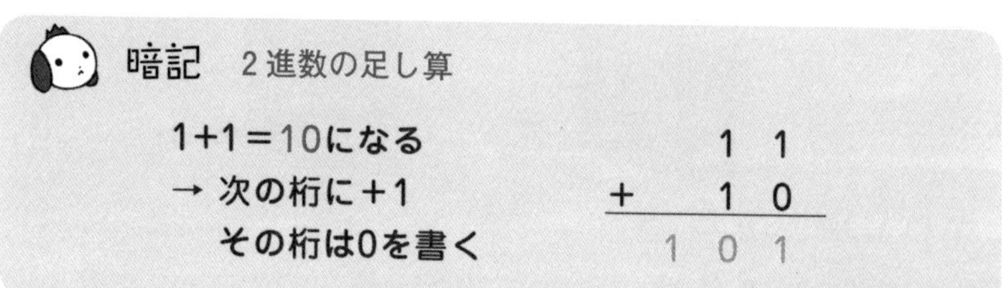

2 進数の掛け算

２進数で掛け算をおこなう場合，足し算に分解して解きましょう。

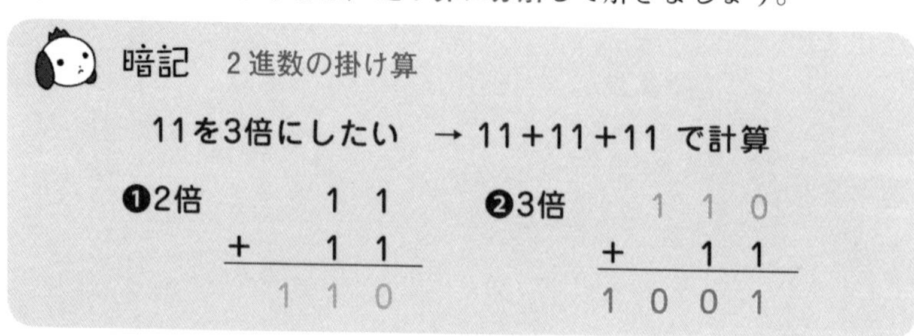

2進数と負の整数（補数）

2進数でも，正の整数と負の整数を表すことができます。ただし，2進数で表せる個数は，一定なので，それぞれの範囲が半分になってしまいます。

🐾8桁の2進数で正の整数を表す範囲は？

⇨2^8=256個の数を表すことができる。　⇨範囲は，0～255

🐾8桁の2進数で正の整数と負の整数を表す範囲は？

⇨2^8=256個の数を表すことができる。　⇨正と負のそれぞれ　128個

⇨正の整数　　0～　127

負の整数　－1～－128

暗記　2進数で表す範囲

正の整数の範囲は，0の扱いに注意！

8進数と16進数

2進数以外にも，8進数と16進数が出てきます。対応関係は次の通りです。16進数は16個の数字が必要なのでアルファベットを数字として使います。0，1，2，3，4，5，6，7，8，9，A，B，C，D，E，Fまでが1桁で，次に2桁の10になります。

10進数	2進数	8進数	16進数
0	0	0	0
1	1	1	1
2	10	2	2
⋮	⋮	⋮	⋮
7	111	7	7
8	1000	10	8
⋮	⋮	⋮	⋮
10	1010	12	A
⋮	⋮	⋮	⋮
15	1111	17	F
16	10000	20	10

8進数と16進数の対応関係

試験問題では，8進数の数値を16進数で表す問題が出ることがあります。8進数から2進数へ，さらに16進数へ変形させるテクニックを学びましょう。

STEP 1　8進数の20を，2進数へ

8進数の2は2進数の10，8進数の0は2進数の0です。8進数から，2進数へ変形する場合，次の対応関係になります。

	8進数		2進数		3ケタ
①	2	→	10	→	010
②	0	→	0	→	000
	20	→	①と②を合体	→	010000

STEP 2　16進数の10を，2進数へ

16進数の1は2進数の1，16進数の0は2進数の0です。16進数から，2進数へ変形する場合，次の対応関係になります。

	16進数		2進数		4ケタ
①	1	→	1	→	0001
②	0	→	0	→	0000
	10	→	①と②を合体	→	00010000

STEP 3　8進数→2進数→16進数

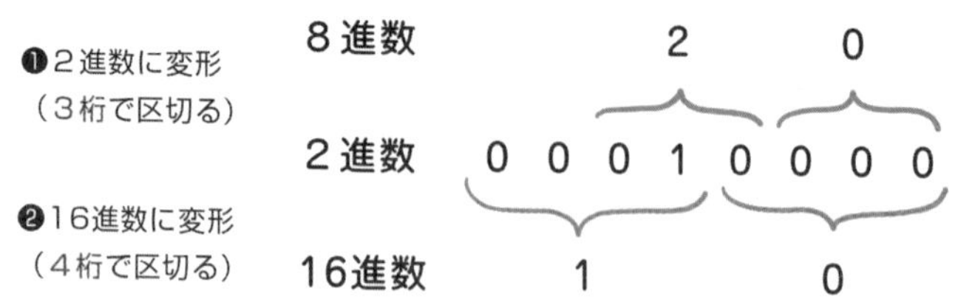

補足　2進数→16進数のとき，桁が足りない場合は頭に0をつけて4桁にする。

Chapter15-01

過去問演習

2進数と10進数

Q1　10進数155を2進数で表したものはどれか。

ア　10011011　　イ　10110011　　ウ　11001101　　エ　11011001

解説　10進数の数値を2進数で表すためには、10進数の数値155が0になるまで2で割り算していき「余り」を下から順に並べる。2進数は0か1しか存在せず，2になったら次の位(くらい)へ移るので「余り」が2進数における各位を表すことになる。

```
2) 155
2)  77   …  余り1   ↑
2)  38   …  余り1
2)  19   …  余り0
2)   9   …  余り1
2)   4   …  余り1
2)   2   …  余り0
2)   1   …  余り0
     0   …  余り1
```

正解　ア　　　(2020年秋期 問62)

2進数の掛け算

Q2　2進数10110を3倍したものはどれか。

ア　111010　　イ　111110　　ウ　1000010　　エ　10110000

解説　2進数の掛け算は，2進数の足し算に分解して計算する。
→　10110×3 ＝ 10110＋10110＋10110

```
❶2倍        1 0 1 1 0
         +   1 0 1 1 0
         -------------
           1 0 1 1 0 0
❷3倍      1 0 1 1 0 0
         +   1 0 1 1 0
         -------------
         1 0 0 0 0 1 0
```

2進数では，1＋1＝10となる点に注意しよう

3倍するときには，❶の計算結果を使う。

正解　ウ　　　(2009年春期 問64)

8進数から16進数の対応関係

Q 3　8進数の55を16進数で表したものはどれか。

ア　2D　　イ　2E　　ウ　4D　　エ　4E

解説　8進数→2進数→16進数の関係を利用して問題を解こう。

8進数			5			5		
2進数	0	0	1	0	1	1	0	1
16進数		2				D		

正解　ア　　（2009年秋期 問64）

2進数と負の整数

Q 4　負の整数を2の補数で表現するとき，8桁の2進数で表現できる数値の範囲を10進数で表したものはどれか。

ア　−256〜255　　イ　−255〜256

ウ　−128〜127　　エ　−127〜128

解説　8桁の2進数で表せる数値の個数（補数）は，2^8＝256個。これを使って，負の整数と正の整数で表す範囲を考える。

0を数え忘れないように，注意しよう！

256個で負の整数，正の整数を表現すると，それぞれ128個ずつ利用できる。

負の整数　128個 → −1〜−128

正の整数　128個 → 　0〜　127

以上より，ウが正解とわかる。

正解　ウ　　（2012年春期 問52）

02　データの保存方法

✏ 内容を理解したら，過去問が解けるように練習しよう。

プログラミングで利用するデータの保存方法を学びます。保存した順番と取り出す順番に注目しましょう。

キュー　重要！

先に保存したデータから，順番に出てくる方法を「キュー」といいます。

スタック　

後に保存したデータから，順番に出てくる方法を「スタック」といいます。

配列

連続的に並べて保存する方法を「配列」といいます。

特徴　○長所　●番目のデータを取り出す指定ができる。(添字(そえじ))
　　　×短所　途中にデータの挿入や並び替えができない。

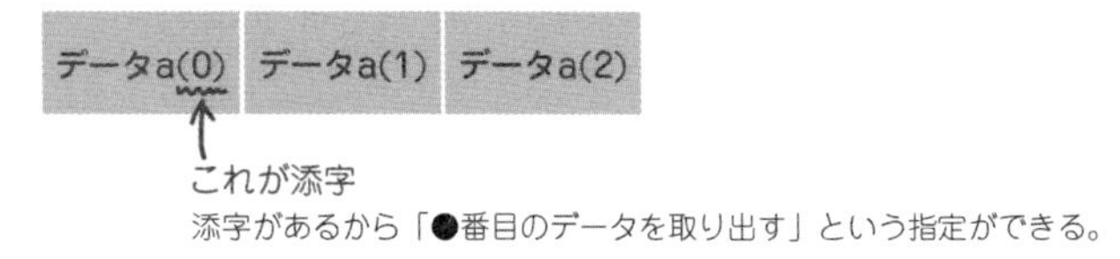

リスト

次のデータを指定して保存する方法を「リスト」といいます。また，指定する番号をポインタとよびます。

特徴　○長所　配列のデメリットを克服。挿入や並び替えができる。
　　　×短所　●番目のデータを取り出す指定ができない。

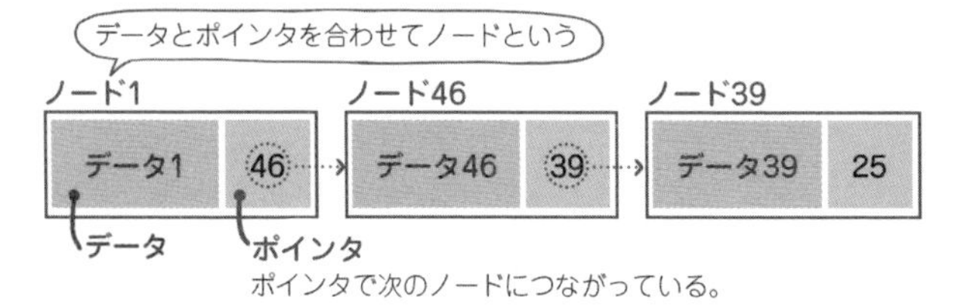

木構造（ツリー構造）

P.287で学習したディレクトリを指定して保存する方法を「木構造」といいます。

Chapter15-02

過去問演習

キュー

Q 1　あるキューに要素"33"，要素"27"及び要素"12"の3つがこの順序で格納されている。このキューに要素"45"を追加した後に要素を2つ取り出す。2番目に取り出される要素はどれか。

ア　12　　イ　27　　ウ　33　　エ　45

解説　キューの特徴は，**入れた順番に出てくること**。図を書くとわかりやすい。

最初	入口 → ｜ 33 ｜ 27 ｜ 12 ｜ → 出口
追加後	入口 → ｜ 45 ｜ 33 ｜ 27 ｜ 12 ｜ → 出口
1番目	入口 → ｜ 45 ｜ 33 ｜ 27 ｜ → **12**
2番目	入口 → ｜ 45 ｜ 33 ｜ → **27**

正解　イ　（2011年春期 問58）

木構造

Q 2　木構造を採用したファイルシステムに関する記述のうち，適切なものはどれか。

ア　階層が異なれば同じ名称のディレクトリが作成できる。

イ　カレントディレクトリは常に階層構造の最上位を示す。

ウ　相対パス指定ではファイルの作成はできない。

エ　ファイルが一つも存在しないディレクトリは作成できない。

解説　**木構造**（ツリー構造）は，**Windowsのフォルダ**をイメージしよう。階層が異なれば同じ名称のディレクトリが作成できるため，アが正解。これは，Windowsでもフォルダが違えば，ファイル名が同じものを作ることができることを考えるとわかりやすい。

イ　最上位を示すのはルートディレクトリである。

ウ　相対パスでも絶対パスでもファイルの作成はできる。

エ　ファイルが存在しないディレクトリも作成できる。これは，Windowsで空のフォルダを作ることができることを考えるとわかりやすい。

正解　ア　（2009年秋期 問87）

スタック

Q 3　下から上へデータを積み上げ，上にあるデータから順に取り出すデータ構造（以下，スタックという）がある。これを用いて，図に示すような，右側から入力されたデータの順番を変化させて，左側に出力する装置を考える。この装置に対する操作は次の３通りである。

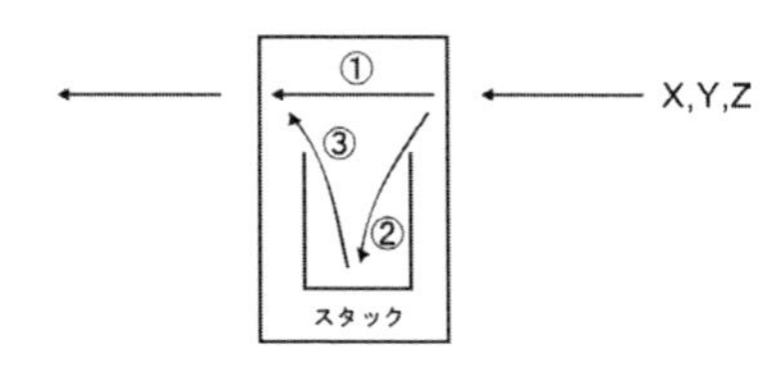

①　右側から入力されたデータをそのまま左側に出力する。

②　右側から入力されたデータをスタックに積み上げる。

③　スタックの１番上にあるデータを取り出して左側に出力する。

この装置の右側から順番にX,Y,Zを入力した場合に，この①〜③の操作を組み合わせても，左側に出力できない順番はどれか。

ア　X,Z,Y　　イ　Y,Z,X　　ウ　Z,X,Y　　エ　Z,Y,X

解説　スタックの特徴は，後から入れた順番に出てくること。図を書くとわかりやすい。

ア　X→Z→Yの順番にするには，Xはそのまま①，Yをスタック入れる②，Zをそのまま①，スタックからYを出す③。

手順にすると，X①→Y②→Z①→Y③

イ　X②→Y①→Z①→X③

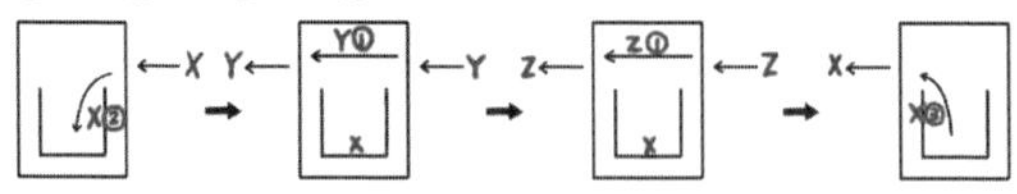

ウ　スタックを使ったとしても，Z→Y→Xの順番にしかならないため，Z→X→Yは出力できない。

エ　X②→Y②→Z①→Y③→X③

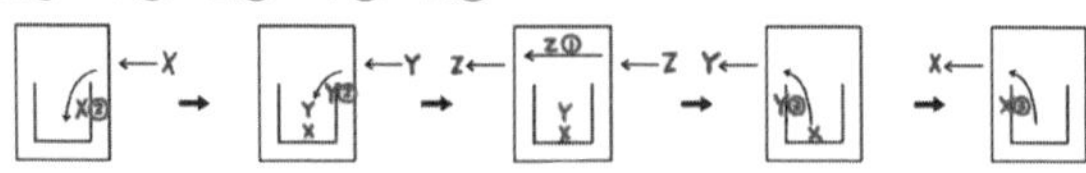

正解　ウ　　　　(2010年春期 問85)

03 プログラム言語

用語の意味を理解する。

プログラム言語

プログラム言語とは，コンピュータに指示を伝えるための言葉のことです。試験によく出るプログラム言語は次の4つです。

C言語

C（シー）言語はWindowsやUNIXで使われている言語です。アプリケーションやゲームなど，幅広く使われています。

Java

Java（ジャバ）はWebサイトやネットワークで使われている言語です。非常に重要な言語です。

特徴　①OSやPCの機種に依存しない。②オブジェクト指向。

COBOL

COBOL（コボル）は事務用に古くから使われていた言語です。

補足　オブジェクト指向

Java，Swift，Objective-Cなどで利用されている考え方。オブジェクト指向の特徴は，①共通する機能をまとめ，他で再利用できる，②利用者は中身を知らなくても必要な結果を得られること。

SQL

SQLはデータベースの管理や操作を行うための言語です。様々なデータベース管理システム（DBMS）で利用できます。

プログラム言語から機械語への変換

プログラム言語は機械語へ変換されてから，コンピュータ内で実行されます。プログラム言語から機械語へ変換する方法が，次の２つです。

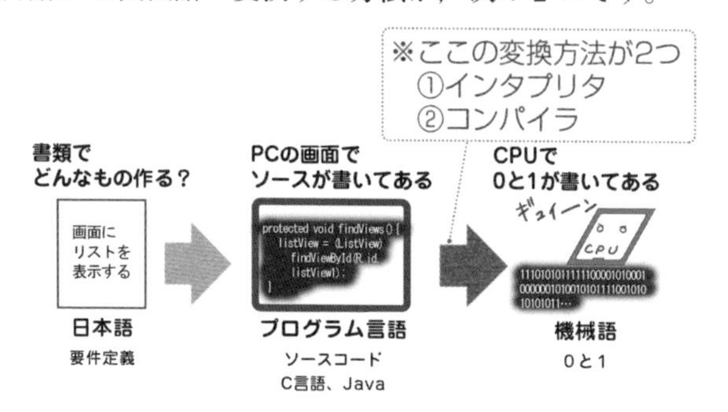

インタプリタ方式

特徴　・ソースコードの**順番に１つずつ翻訳**していき，実行していく。
　　　・パーツごとに動作を確認して作る場合に向いている。

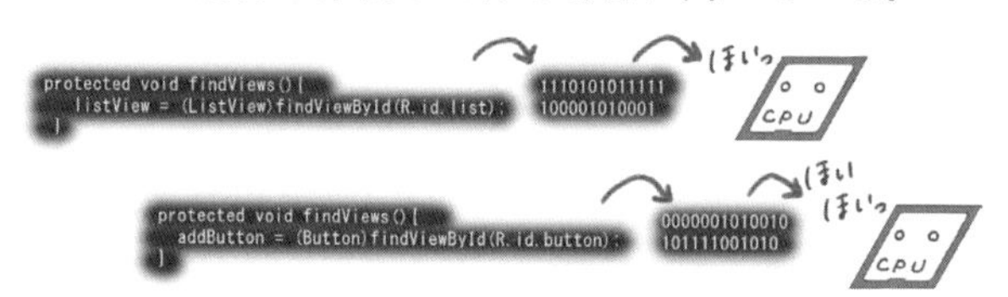

コンパイラ方式

特徴　・ソースコードを機械語に**まとめて翻訳**し，一度に実行する。
　　　・すべてのパーツが完成している場合に向いている。
　　　・処理が速い。

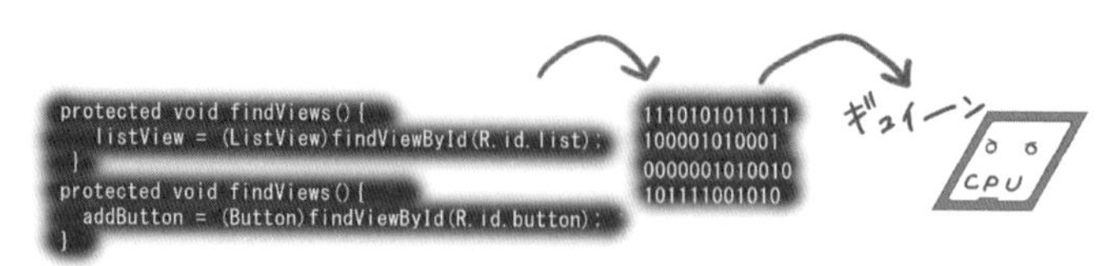

スクリプト言語

スクリプト言語とは，簡易的なプログラミング言語です。JavaScript，Perl，PHPなどの言語がスクリプト言語に含まれます。

アルゴリズム

コンピュータに，ある特定の目的を達成させるための処理手順のことを「アルゴリズム」といいます。コンピュータにある処理をさせたい場合，どのような指示を出せばよいのか，指示のやり方のことです。

演算子

計算をするための記号です。

「+（足す）」，「−（引く）」，「*（掛ける）」，「/（割る）」を算術演算子，「=（右辺を左辺に代入）」を代入演算子，「>（左辺は右辺より大きい）」を関係演算子といいます。

順次構造

アルゴリズムの基本で，処理を上から順に実行していきます。

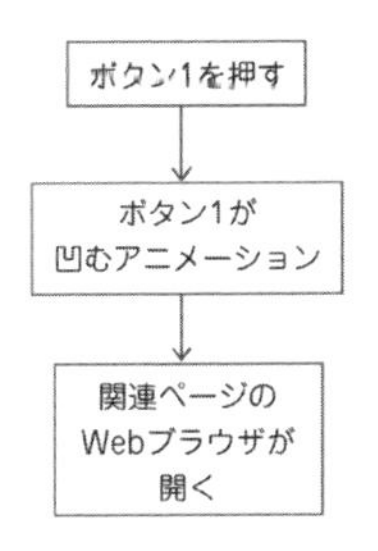

選択構造（条件分岐）

「もし○○なら，△△する」というアルゴリズムです。

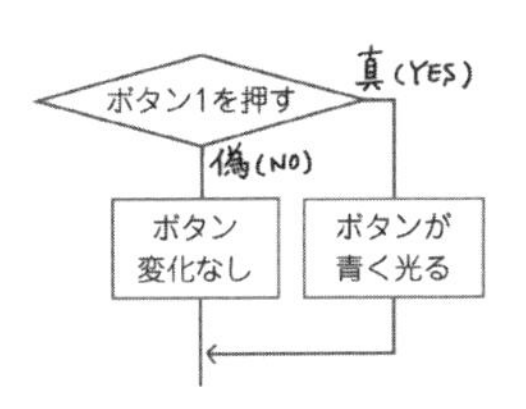

繰り返し構造（ループ）

条件が成立している限り何度でも同じ指示を繰り返すアルゴリズムです。

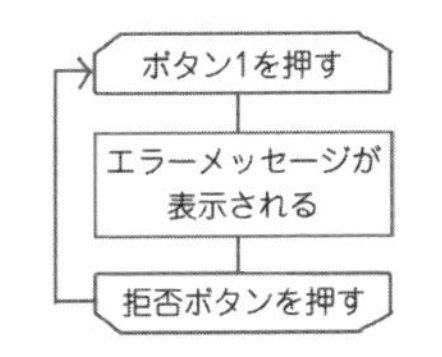

ビットとバイト

コンピュータで使われる単位に，ビット（bit）とバイト（Byte）があります。「1バイト」は「8ビット」のことをいいます。

04 マークアップ言語

用語の意味を理解する。

マークアップ言語とは，文章の構造を指定できるタグを利用して，ページの内容やデザインを表現するものです。プログラム言語ではありません。

HTMLとXML

試験によく出るマークアップ言語は次の通りです。

重要なのはHTMLとXML。名前に含まれるMLは，Markup Languageのイニシャルを取ったものです。

SGML → HTML → XHTML
→ XML

SGML（Standard Generalized Markup Language）

HTMLやXMLの基となったもの

HTML（HyperText Markup Language）

あらかじめ決まったタグしか利用できない。

XML（Extensible Markup Language）

新しいタグを定義できる。

RSS

RSS（RDF Site Summary）はXMLの文章形式のことです。

RSSを利用すると，ホームページの更新情報が自動的に送信されます。利用者はホームページを何度も確認しなくても良くなるため，実務で活用されている便利な機能です。

参考：Webに関係する言語

CSS（Cascading Style Sheets）およびPHP（Hypertext Preprocessor）はマークアップ言語ではありませんが，Webに関係する言語ですので参考として記載しておきます。

- **CSS**　Webページのデザインや形式などを定義するためのスタイルシート言語
- **PHP**　Webページに埋め込むことで動的ページを実現するスクリプト言語

参考：DRM（デジタル著作権管理）

DRM（Digital Rights Management）とは，コンテンツの著作権を保護し，利用や複製を制限する技術の総称のことです。映画や音楽，電子書籍などに対して使用されています。

Chapter15-03～04

過去問演習

プログラム言語

Q 1　コンピュータに対する命令を，プログラム言語を用いて記述したものを何と呼ぶか。

ア　PINコード　　　イ　ソースコード

ウ　バイナリコード　　　エ　文字コード

解説　コンピュータに対する命令を，プログラム言語を用いて記述したものをソースコードという。イが正解。

ア　携帯電話機であらかじめロックを設定することにより，紛失・盗難などがあった場合に，第三者が携帯電話機を使用できなくするための暗証番号。

ウ　コンピューターに処理を依頼する命令を，CPUが理解できるように２進数で表したコード。

エ　コンピュータ上で文字を利用する目的で，各文字に割り当てられるバイト表現。

正解　イ　　　(2017年秋期 問81)

機械語

Q 2　機械語に関する記述のうち，適切なものはどれか。

ア　FortranやC言語で記述されたプログラムは，機械語に変換されてから実行される。

イ　機械語は，高水準言語の一つである。

ウ　機械語は，プログラムを10進数の数字列で表現する。

エ　現在でもアプリケーションソフトの多くは，機械語を使ってプログラミングされている。

解説　「プログラムは，機械語に変換されてから実行される」の文言が適切。アが正解。

イ　機械語は低水準言語。

ウ　機械語は２進数で表現する。

エ　現在では多くのアプリケーションソフトがC言語などのプログラム言語を使ってプログラミングされている。プログラム言語は機械語に変換されてから実行される。

正解　ア　　　(2017年春期 問70)

オブジェクト指向

Q 3　オブジェクト指向設計の特徴はどれか。

ア　オブジェクト指向設計によってプログラムの再利用性や生産性が向上することはない。

イ　オブジェクトに外部からメッセージを送れば機能するので，利用に際してその内部構造や動作原理の詳細を知る必要はない。

ウ　個々のオブジェクトは細分化して設計するので，大規模なソフトウェア開発には使用されない。

エ　プログラムは処理手順に従って設計され，データの集合はできるだけプログラムと関連付けない。

解説　オブジェクト指向設計の特徴は，①共通する機能をまとめ，**他で再利用できる**，②**利用者は中身を知らなくても必要な結果を得られること**。

ア　オブジェクトの再利用ができるため，生産効率が向上する。

ウ　大規模なソフトウェア開発に使用。iPhoneはオブジェクト指向設計。

エ　手続き型プログラム言語の説明。

正解　イ　(2009年秋期 問47)

タグを利用する言語

Q 4　文書の構造などに関する指定を記述する，“＜”と“＞”に囲まれるタグを，利用者が目的に応じて定義して使うことができる言語はどれか。

ア　COBOL　　イ　HTML　　ウ　Java　　エ　XML

解説　「**＜＞に囲まれるタグを使う**」のは，HTMLとXML。「**目的に応じて定義して使うことができる**」のは，**XML**。エが正解。

ア　COBOLは，＜＞に囲まれるタグを使わない。

イ　HTMLは，あらかじめ決まったタグしか使用できない。

ウ　Javaは，＜＞に囲まれるタグを使わない。

正解　エ　(2010年秋期 問56)

索引

英数

あ行

か行

さ行

た行

な行

は行

ま行

や行

ら行

わ行

【著者紹介】

よせだ あつこ

willsi株式会社取締役。公認会計士。
監査法人トーマツを経て，スマートフォンアプリの企画・開発・販売をおこなうwillsi株式会社を設立。開発した学習アプリ「パブロフ」シリーズは累計100万ダウンロードの大ヒット。
監査法人ではシステム監査部門に所属し，現職におけるプログラミングや開発経験から，ＩＴパスポート試験の対策において「わかりやすい」「合格できる」と定評がある。
主な著書に『パブロフ流でみんな合格　日商簿記３級テキスト＆問題集』（翔泳社），『パブロフくんと学ぶ電卓使いこなしＢＯＯＫ』，『パブロフくんと学ぶはじめてのプログラミング』（中央経済社）などがある。

パブロフくんと学ぶITパスポート〈第３版〉

2017年３月１日　第１版第１刷発行
2018年９月15日　第２版第１刷発行
2021年４月10日　第３版第１刷発行

著　者　よせだあつこ
発行者　山本継
発行所　㈱中央経済社
発売元　㈱中央経済グループパブリッシング

〒101-0051　東京都千代田区神田神保町１-31-２
電話　03(3293)3371（編集代表）
03(3293)3381（営業代表）
https://www.chuokeizai.co.jp
印刷／文唱堂印刷㈱
製本／誠製本㈱

＊頁の「欠落」や「順序違い」などがありましたらお取り替えいたしますので発売元までご送付ください。（送料小社負担）

ISBN978-４-502-38121-８　C3055